Nadira Begam
Dilip Kumar Saikia
Rudra Narayan Borkakati

Insectos pragas de Bhut Jolokia

Nadira Begam
Dilip Kumar Saikia
Rudra Narayan Borkakati

Insectos pragas de Bhut Jolokia

Procura de uma opção de gestão ecológica

ScienciaScripts

Imprint
Any brand names and product names mentioned in this book are subject to trademark, brand or patent protection and are trademarks or registered trademarks of their respective holders. The use of brand names, product names, common names, trade names, product descriptions etc. even without a particular marking in this work is in no way to be construed to mean that such names may be regarded as unrestricted in respect of trademark and brand protection legislation and could thus be used by anyone.

Cover image: www.ingimage.com

This book is a translation from the original published under ISBN 978-3-659-91472-0.

Publisher:
Sciencia Scripts
is a trademark of
Dodo Books Indian Ocean Ltd. and OmniScriptum S.R.L publishing group

120 High Road, East Finchley, London, N2 9ED, United Kingdom
Str. Armeneasca 28/1, office 1, Chisinau MD-2012, Republic of Moldova, Europe
Managing Directors: Ieva Konstantinova, Victoria Ursu
info@omniscriptum.com

Printed at: see last page
ISBN: 978-620-2-75197-1

PREFÁCIO

Com imenso prazer, a autora tem o privilégio de reconhecer o seu profundo sentimento de gratidão e de dívida para com o seu orientador, o Dr. D.K. Saikia, cientista principal, Departamento de Entomologia, Faculdade de Agricultura, Universidade Agrícola de Assam, Jorhat, pela sua ajuda constante, interesse vivo, encorajamento entusiástico, esforços meticulosos, orientação esclarecedora e críticas construtivas na execução deste trabalho e na preparação deste manuscrito.

A autora exprime a sua gratidão aos membros do Comité Consultivo, Dr. Anjumoni Devi, cientista júnior, Departamento de Entomologia, Dr. M.K. Saikia, cientista sénior, Departamento de Patologia Vegetal e Sr. S.N. Phukan, Professor Assistente, Departamento de Estatística, Universidade Agrícola de Assam, Jorhat, pelas suas sugestões e orientações frutuosas durante o curso do estudo.

Os meus sinceros agradecimentos ao Dr. L. K. Hazarika, Professor e Diretor do Departamento de Entomologia, Faculdade de Agricultura, Universidade Agrícola de Assam, Jorhat.

O autor está muito grato ao Dr. C. Hazarika, Diretor, Direção de Estudos de Pós-graduação, Universidade Agrícola de Assam, Jorhat, pelos seus esforços e sugestões valiosas relativamente a questões académicas e administrativas.

A autora expressou os seus agradecimentos a Barsha Neog, Departamento de Estatística, Universidade Agrícola de Assam, Jorhat.

A autora regista a sua extrema gratidão ao Dr. P. Borthakur e ao Dr. S. Sarmah, Professor do Departamento de Horticultura, por terem fornecido as instalações e a orientação necessárias para a realização do estudo.

A ajuda e a cooperação prestadas por todos os professores e pessoal administrativo do Departamento de Entomologia e membros do Laboratório de Biocontrolo durante o estudo foram devidamente reconhecidas.

O autor agradece sinceramente o encorajamento constante, a ajuda voluntária e a cooperação de Nirmali di, Ropasri di, Diganta da e Promod da pelo seu encorajamento, ajuda e apoio constantes durante todo o período de trabalho.

A autora deve muito aos seus queridos pais, MD. Mamud Ali (Abbu), Sra. Syeda Ranu Begam (Ammu), irmãs (Tuli e Duh), irmão (Suhel) e Safi Islam, cuja bênção afectuosa, aconselhamento digno, desejos silenciosos e inspiração moral sempre criaram confiança para realizar esta árdua tarefa.

O autor agradece à Mamã, à Nanu e à Dadi que ofereceram ajuda constante, apoio mental, bons desejos e sugestões valiosas durante o curso da investigação.

A autora exprime também os seus sinceros agradecimentos a Reshmi (companheira de quarto), Sabrin e outros amigos pela sua ajuda sob diversas formas.

A autora deseja também deixar registados os seus profundos agradecimentos a Munin Gogoi e Tarun Baruah pela sua orientação criativa, compondo o manuscrito meticulosamente num curto espaço de tempo.

Acima de tudo, ela lembra-se do Todo-Poderoso pela sua benevolência e por sincronizar tudo em perfeita harmonia, o que a levou à realização bem sucedida deste manuscrito.

Data: 1st de julho de
2016
Local: Jorhat   N. Begam

ÍNDICE

LISTA DE ABREVIATURAS

@	: At the rate
a.i.	: Active ingredient
BSSH	: Bright sunshine hours
%	: Per cent
°C	: Degree centigrade
et al.	: *Et alli* (and others)
etc	: Et cetera
Fig.	: Figure
gm	: Gram
ha	: Hectare
hr	: Hour
RH	: Relative humidity
i.e.	: That is
kg	: Kilo gram
l	: Litre
ml	: Millilitre(s)
MT	: Metric tonne
viz.	: *Videlicet* (Namely)

CAPÍTULO 1

INTRODUÇÃO

A malagueta é uma das mais importantes culturas de especiarias pertencente ao género *Capsicum* da família das solanáceas. A malagueta foi introduzida pela primeira vez por comerciantes portugueses na Índia, na Indonésia e noutras partes da Ásia há cerca de 450-500 anos (Berke e Shieh, 2000) e, desde então, tem vindo a ganhar importância como uma importante cultura de especiarias e de produtos hortícolas.

A Índia, o "país das especiarias", é o maior produtor, consumidor e exportador de malagueta do mundo, a seguir à China, com uma quota gigantesca no comércio mundial. Contribui com cerca de 36% da produção mundial de malagueta e exporta cerca de 20% da produção (Rao e Rao, 2014). A malagueta é cultivada em todos os estados e territórios da união da Índia, com o Andhra Pradesh a liderar tanto a área utilizada para cultivo (20%) como a produção (55%) (Anon., 2009).

A malagueta, popularmente conhecida como "especiaria maravilhosa", é uma das principais culturas de especiarias e de legumes cultivadas em muitos países. Ganhou popularidade graças às mais de 400 variedades disponíveis em todo o mundo, com diferentes pungências, tamanhos, formas e cores, e à sua utilização.

Acredita-se que a *Bhut Jolokia {Capsicum chinense* Jacq.), vulgarmente conhecida como *Bhut Jolokia*, seja originária de Assam. Trata-se de uma cultivar indígena que cresce na planície aluvial de Brahmaputra em Assam, Nagaland, Manipur e noutras partes do Nordeste da Índia. É também conhecida por pimenta fantasma, malagueta fantasma e malagueta naga vermelha ou malagueta rei de Naga em Nagalalnd e omarok em Manipur. A *"Bhut Jolokia"* ganhou destaque quando o Laboratório de Investigação da Defesa, sedeado em Tezpur (Assam), a declarou a malagueta mais picante do mundo, substituindo a mundialmente famosa Red Savina Habanera (cientificamente *C. chinense).* É 400 vezes mais picante do que o molho Tabasco (Guinness World Records, 2007). O valor calorífico da *Bhut Jolokia* é de 1.001.304 SHU, que é medido em unidades da escala Scovile através do cálculo do seu teor de capsaicina (Bosland e Baral, 2007). Este carácter extremo da malagueta deve-se a uma amina fenólica volátil, a capsaicina e a dihidrocapsaicina, presentes na porção da polpa dos frutos, que conferem a pungência da malagueta, utilizada em várias aplicações etnofarmacológicas (Sanatombi e Sharma, 2008). A quantidade de capsaicina varia de 3-5% em comparação com outras malaguetas do subcontinente. A *Bhut Jolokia* vermelha madura contém vitamina A, B e C, bem como potássio, magnésio e ferro (Anon., 2001).

O governo de Assam está agora a incentivar os agricultores a cultivar *a Bhut Jolokia* porque a sua procura está a aumentar nos países árabes e europeus, para além da Austrália e da Venezuela. No ano financeiro em curso, os distritos de Golaghat, Karbi Along e Jorhat foram selecionados para o cultivo de *Bhut Jolokia*. Um projeto tem vindo a experimentar a construção de bombas de fumo contendo *Bhut Jolokia* seca e a aplicação de óleo de *Bhut Jolokia* nas cercas, a fim de dissuadir os elefantes selvagens de invadirem as terras agrícolas (Hussain, 2007).

Embora *a Bhut Jolokia* seja uma especiaria muito importante na região nordeste da Índia, existem vários condicionalismos de produção que levam a um fraco rendimento da *Bhut Jolokia*. As principais razões podem ser atribuídas às perdas substanciais de malagueta devido a fortes infestações de diferentes tipos de pragas sugadoras. Na Índia, foram registados cerca de 20 números de espécies de insectos da malagueta (*Capsicum* spp.) (Ananthakrishnan, 1971; Kumar, 1995). De acordo com os resultados do inquérito realizado pelo Centro Asiático de Investigação e Desenvolvimento de Produtos Hortícolas (AVRDC) na Ásia, as principais pragas de insectos que atacam a malagueta são os afídeos, *Myzus persicae* Sulzer, *Aphis gossypii* Glover, os ácaros, *Polyphagotarsonemus latus* Banks e os tripes, *Scirtothrips dorsalis* Hood. As outras pragas da malagueta incluem também a mosca branca, *Bemisia tabaci* (Genn), a broca do fruto, *Helicoverpa armigera* (Hubner), o jassídeo, *Amrasca biguttula biguttula* Ishida e o escaravelho da pulga, *Monoleota signata* Oliveir. A redução do rendimento devido a *P. latus* foi registada em 60 a 70 por cento na malagueta (Karuppuchamy *et al.,* 1993). Os tripes e ácaros da malagueta são os principais agentes vectores do síndrome devastador do enrolamento das folhas, denominado complexo "murda" da malagueta (Dev, 1964).

Os agricultores recorrem sobretudo a pesticidas químicos para controlar as pragas de insectos da *Bhut Jolokia,* uma vez que os produtos químicos têm um efeito de destruição rápido. Devido à monocultura da malagueta, a acumulação de pragas é tão grande que os agricultores têm de recorrer a um mínimo de 5 a 6 pulverizações químicas. A aplicação indiscriminada de pesticidas pelos agricultores levou ao desenvolvimento de muitos problemas indesejáveis que se tornam uma ameaça para o ecossistema da malagueta, provocando o ressurgimento de pragas, problemas ambientais, resíduos e destruição da fauna inimiga natural, etc. Mahalingappa *et al.* (2006) registaram a presença de resíduos de etião e clorpirifos em malaguetas verdes e vermelhas, mesmo 30 dias após a primeira aplicação. Uma vez que *o Bhut Jolokia* é sobretudo consumido cru, existe uma grande probabilidade de contaminação do nosso organismo por produtos químicos. A presença de resíduos de muitos insecticidas, incluindo o etião, o clorpirifos, a cipermetrina, o endossulfão e o quinalfos, afectou seriamente a exportação de pimentos.

Para diminuir a eficiência dos produtos químicos, a crescente preocupação com a procura de malaguetas de produção biológica no mercado mundial resultou na necessidade de alternativas respeitadoras do ambiente para a gestão do problema das pragas da *Bhut Jolokia.* Os biopesticidas são uma opção importante com potencial para gerir as pragas de insectos como alternativas seguras aos insecticidas sintéticos. Por conseguinte, isto promoveu a investigação para desenvolver estratégias de gestão alternativas que seriam mais seguras, eficazes e económicas. Além disso, o controlo biológico está a tornar-se muito popular no controlo das pragas de insectos devido à sua natureza ecológica. Constitui também uma componente importante da gestão integrada das pragas.

Tendo em conta todos estes aspectos, o presente estudo será realizado com os seguintes objectivos

1. Estudar a incidência sazonal e a constituição da população das pragas em *Bhut Jolokia, C. chinense* Jacq.

2. Avaliar a eficácia de certos biopesticidas contra as pragas de *Bhut Jolokia, C. chinense* Jacq.

CAPÍTULO 2

REVISÃO DA LITERATURA

A introdução de variedades e híbridos de elevado rendimento aumentou, sem dúvida, a produção de especiarias em muitas vezes, mas, ao mesmo tempo, alterou o cenário do problema das pragas e muitos novos insectos pragas surgem de ano para ano no espaço e no tempo. Por conseguinte, é essencial uma monitorização contínua de todas as pragas e inimigos naturais em condições de campo para a prevenção atempada de surtos súbitos de epidemias e para a conceção de estratégias adequadas de gestão de pragas.

A Bhut Jolokia é uma das especiarias mais importantes cultivadas em toda a Índia. Esta cultura está geralmente sujeita a ataques de vários insectos nocivos que causam elevados prejuízos económicos à cultura. Mas a literatura relativa aos estudos actuais sobre a incidência sazonal e a gestão das pragas de insectos que infestam *a Bhut Jolokia* na Índia e no estrangeiro é muito limitada. Verificou-se que um bom número de cientistas de todo o mundo trabalhou sobre a biologia, a morfologia, a natureza dos danos e outros aspectos de diferentes pragas de insectos associadas à malagueta. Por conseguinte, a literatura disponível de trabalhadores anteriores foi revista e foi feita uma tentativa de elencar as suas descobertas importantes que são consideradas relevantes para o presente estudo da *Bhut Jolokia*.

2.1 Incidência sazonal de pragas e complexo de inimigos naturais de *Bhut Jolokia*

2.1.1 Incidência sazonal de pragas

Hosmani (1982) referiu que a época de transplantação influencia a incidência de pragas e doenças na malagueta. A cultura de malagueta transplantada no início de junho-julho escapa à incidência de tripes e ácaros do que a cultura transplantada no final de julho e início de agosto em Dharwad, Karnataka.

Reddy e Puttaswamy (1985) registaram um total de 51 espécies de insectos e 2 espécies de ácaros pertencentes a 27 famílias e 9 ordens que infestam a criança transplantada em Karnataka. Entre elas, *Polyphagotarsonemus latus, Scirtothrips dorsalis, Helicoverpa armigera* e *Spodoptera litura* foram consideradas as principais pragas da malagueta. No entanto, a incidência da lagarta comedora de folhas, *S. litura*, foi observada com um número variável de 0,00 a 0,25, com uma média de 0,07 larvas por planta, e foi bastante elevada durante a primeira semana de outubro.

De acordo com Ahmed *et al.* (1987), *P. latus, S. dorsalis* e o noctuídeo *S. litura* foram considerados as principais pragas da malagueta, causando uma redução geral da produção de até 76,68%. Além disso, a infestação conjunta de *P. latus* e *S. dorsalis* causou perdas de até 34,14% em Andhra Pradesh.

Mall *et al.* (1992) efectuaram um estudo sobre a incidência sazonal de insectos nocivos para a brinjal em Kanpur, Uttar Pradesh, e observaram que a incidência de *Aphis gossypii* e *Amrasca biguttula biguttula* era mais prevalecente durante a fase vegetativa da cultura e permanecia flutuante ao longo da estação. No entanto, o aumento da população mostra uma associação negativa significativa com a humidade relativa e uma associação negativa não significativa com a precipitação total.

Prasad e Longiswarans (1997) observaram uma correlação positiva de *A. gossypii* e *A. biguttula biguttula* com a temperatura máxima e uma associação negativa com a precipitação durante o verão e o inverno em brinjais em Tamil Nadu.

No Norte de Karnataka, Manjunatha *et al.* (2001) efectuaram um inquérito itinerante em 59 locais e um inquérito em parcelas fixas em quatro locais selecionados para avaliar a incidência do ácaro amarelo, *P. latus*, e do tripes, *S. dorsalis*, em zonas de cultivo de malagueta e concluíram que a incidência de *S. dorsalis* e *P. latus* e, em seguida, de inimigos naturais prevalecia em todas as zonas de cultivo de malagueta. Também se observou que a população de *S. dorsalis* variava de 0 a 7,80 por folha, com até 92% de enrolamento ascendente, e no caso do ácaro amarelo, variava de zero a 20,40 por folha, com até 72% de enrolamento descendente, respetivamente.

Vesicek *et al.* (2001) relataram que, entre as pragas mais importantes do pimentão *(Capsicum annum)* na Argentina, o pulgão *Myzus persicae* era a praga principal, seguido por A. *solani* e *Macrisiphus meuphorbae.* Observou-se que a estufa de vidro proporcionou o melhor ambiente congénito para o desenvolvimento da população de afídeos.

Tatagar (2002) tentou efetuar um estudo em diferentes zonas de cultivo de malagueta em Karnataka, na Índia, e verificou que os danos provocados pelo enrolamento das folhas na malagueta devido ao tripes variavam entre 0 e 3,20 LCI por planta. No entanto, a incidência de enrolamento das folhas devido ao afídeo foi muito menor, variando de 0 a 6,8 por três folhas. Ele também relatou que os danos causados pela broca dos frutos foram moderados e variaram de 4,0 a 35,0 por cento. Inimigos naturais como coccinelídeos, ácaros fitoseídeos, aranhas e *Chrysoperla camea* também foram registados em diferentes áreas de cultivo de malagueta.

Gayatridevi e Giraddi (2006) referiram, no sul da Índia, que a cultura de malagueta plantada em junho ou agosto registava uma maior população de tripes e ácaros e, consequentemente, o enrolamento das folhas na cultura, ao passo que a cultura plantada a 15 de julho registava maiores rendimentos de malagueta, tanto em condições desprotegidas como protegidas, devido a uma menor atividade de pragas e ao desenvolvimento do enrolamento das folhas. A população máxima de ácaros foi observada durante a 42.ªsemana normal de outubro na planta de malagueta plantada durante a 3.ªsemana de julho.

Venzon *et al.* (2006) listaram as principais pragas do pimentão no Brasil, que incluem ácaros, *como P. latus, Tetranychus spp,* pulgões, tripes, mosca-branca, o geleídeo *Gnorimoschema barsoniella, Neosilba spp* e *Agrotis ipsilon,* respetivamente.

De acordo com Sunitha (2007), vermes, pulgões, tripes, térmitas, brocas de frutos e pragas não insectos, *nomeadamente* ácaros e caracóis, foram as principais pragas nos campos de pimento durante a fase vegetativa até à colheita no campo principal, tal como registado em Dharwad, Karnataka.

Sarwar (2012) registou a presença de tripes da malagueta, pulgão verde do pêssego, ácaro de duas manchas, mosca branca, broca do tomateiro, lagarta do exército e mineiro das folhas na malagueta. O tripes da malagueta, *S. dorsalis*, foi a praga mais frequentemente observada (9,33 por folha) e causou o máximo de danos às plantas, de acordo com as suas observações no Paquistão.

Um total de 10 espécies de pragas de insectos e ácaros pertencentes a 8 famílias diferentes em seis ordens diferentes foram registadas na cultura da malagueta em Bangalore, incluindo *S. dorsalis, M. persicae, Trialeurodes vaporariorum, Attractomorpha crenulata, Monolepta signata, Myllocerus discolor, Thysanoplusia* sp., *S. litura, H. armigera* e um ácaro *P. latus*, tal como relatado por Roopa e Kumar (2014).

Pathipati *et al.* (2014) referiram que a população de tripes tinha uma correlação positiva com a temperatura máxima e uma correlação negativa com a temperatura mínima, a humidade relativa e a precipitação na malagueta em Andra Pradesh. Do mesmo modo, a população de ácaros também teve uma correlação positiva com a temperatura mínima, mas no caso da humidade relativa matinal, a população de ácaros não teve qualquer impacto significativo. Foi também encontrada uma correlação negativa significativa entre a infestação de *S. litura* e a temperatura máxima e mínima, enquanto a correlação positiva com a humidade relativa matinal e vespertina foi significativa, mas a precipitação apresentou uma correlação negativa significativa.

2.1.1.1 Incidência sazonal do bicho-da-corte, *A. ipsilon* (Lepidoptera: Noctuidae)

Das e Ram (1988), de Bihar, observaram que os danos causados às plantas por *A. ipsilon* começaram na terceira semana de dezembro e aumentaram depois até à segunda semana de janeiro na batateira.

Sonatakke *et al.* (1989) estudaram o efeito dos factores climáticos na dinâmica populacional de *A. ipsilon* na cultura da batata em Karnataka durante as épocas de *karif* e *rabi* e verificaram que a intensidade do seu ataque variava consideravelmente nas diferentes épocas. A análise de correlação entre diversas variáveis meteorológicas e a incidência das pragas revelou que a temperatura estava significativamente correlacionada com a incidência de *A. ipsilon* durante ambas as estações.

A incidência sazonal de pragas de insectos da batateira foi estudada em Shillong, Megalaya, por Sachan e Gangwar (1990). Segundo eles, A. *ipsilon* e A. *flammatra* foram as principais pragas de solo que danificaram a cultura da batata de julho a novembro-dezembro. Em Uttar Pradesh, A. *ipsilon* apareceu na cultura da batata em novembro e a população aumentou gradualmente durante as semanas seguintes, segundo Parihar e Singh (1992).

Vaishampayan e Singh (1994), de Varanasi, Uttar Pradesh, relataram que o número de adultos de A. *ipsilon* atraídos para armadilhas luminosas em campos de batata foi menor de dezembro até à segunda semana de maio. O número de adultos recolhidos na armadilha luminosa foi máximo durante os meses de março e abril.

A atividade sazonal de A. *ipsilon* foi também estudada em Varanasi, Uttar Pradesh, por Vaishampayan e Vaishampayan (1995), que referiram que a atividade de A. *ipsilon* permaneceu baixa durante os meses de dezembro a fevereiro e parte de março, mas que o inseto estava ativo durante esse período nas regiões central e meridional da Índia, em relação à batata.

Estudos de regressão múltipla entre a população de A. *ipsilon* na batata e diferentes parâmetros meteorológicos revelaram que a UR nocturna, a temperatura mínima e a velocidade do vento afectaram significativamente a atividade da praga em Karnataka (Giraddi *et al.*, 1997).

Zidan *et al.* (1998), do Egito, observaram que a A. *ipsilon* atingiu o seu pico durante o inverno e o seu valor mais baixo durante o verão na batateira. Houve três gerações da praga num ano. O aparecimento da primeira, segunda e terceira geração ocorreu durante a segunda semana de outubro, no final de janeiro ou na primeira semana de fevereiro e na segunda semana de abril, respetivamente.

Zaz (1999) estudou a incidência de A. *ipsilon* em campos de batata utilizando armadilhas luminosas em Jammu e Caxemira. Segundo ele, a temperatura alta (24,8°C) reduziu a duração dos instares larvais, enquanto a temperatura baixa (17,7°C) aumentou a duração.

2.1.1.2 Incidência sazonal de afídeos, *A. gossypii, M. persicae* (Homoptera: Aphididae)

Numa experiência conduzida por Gangwar e Sachan (1981) na colina de Khasi, Megalaya, foi relatado que a população de *A. gossypii* começou a aparecer durante a terceira semana de julho em brinjal.

Mall *et al.* (1992) observaram que a incidência de *A. gossypii* era mais prevalecente durante a fase vegetativa da cultura da beringela até à [terceira] semana de setembro em Karnataka e que a população de afídeos apresentava uma associação negativa significativa com a humidade relativa e uma associação negativa não significativa com a precipitação total.

De acordo com Biswas *et al.* (2004), verificou-se uma correlação negativa entre a população de afídeos (M. *persicae* e *A. gossypi)* e a temperatura mínima, mas uma correlação positiva com a humidade relativa máxima e mínima da batata em Bengala Ocidental.

Singh *et al.* (2004) referiram que 40% da incidência de afídeos no pimentão foi registada entre setembro e março, enquanto 48,57% foi registada entre junho e dezembro.

Prasad *et al.* (2008) efectuaram uma experiência de campo para estudar as pragas sugadoras que infestam o algodão em Guntar, Andhra Pradesh, Índia. Prasad et al. referiram que a incidência de *A. gossypii* tinha uma associação negativa significativa com a temperatura máxima e mínima e a precipitação, ao passo que havia uma associação positiva com a humidade relativa matinal.

A incidência de *A. gossypii* foi registada durante a segunda semana de dezembro e janeiro em brinjal em Bangalore, tal como referido por Chandrakumar *et al.* (2008).

Tomar (2010) realizou uma experiência em Gwalior, Madhya Pradesh, sobre o impacto dos parâmetros meteorológicos na população de pulgões do algodão e referiu que a população de pulgões foi registada pela primeira vez na 28.[a] semana padrão, tendo permanecido ativa até à 1.[a] semana padrão, com um pico de 18,15 por folha na 37.[a]

semana padrão. Também referiu que os parâmetros meteorológicos, nomeadamente a temperatura máxima e mínima e a humidade relativa, apresentaram uma correlação positiva com a população de afídeos.

Em Udaipur, Rajasthan, a incidência da população de pulgões apareceu na cultura da malagueta logo após a transplantação e atingiu o seu pico na primeira e segunda semanas de setembro (9,0 pulgões por 3 folhas por planta), tal como referido por Meena *et al.* (2013).

2.1.1.3 Incidência sazonal de tripes, *S. dorsalis* (Thysanoptera: Thripidae)

Ayyar *et al.* (1935) efectuaram um estudo em Guntur (Andhra Pradesh) e Periyakulam (Tamil Nadu) sobre a malagueta e referiram que a população de tripes era baixa durante a estação das chuvas.

Segundo Vevai (1969), a incidência de *S. dorsalis* na malagueta foi maior em outubro em Andhra Pradesh, em fevereiro-março em Bihar, de agosto a novembro em Deli, Mysore e Madhya Pradesh e durante todo o ano em Tamil Nadu e Maharashtra. No Karnataka, a praga foi observada durante quase todo o ano na malagueta. A população atingiu o seu pico em outubro e depois diminuiu gradualmente a partir de novembro, atingindo o nível mais baixo em maio.

A incidência de *S. dorsalis* no algodão também foi observada ao longo do ano em Orissa, com uma população mais elevada entre janeiro e março, com um pico na primeira semana de março (Senapati e Mohanti, 1980).

De acordo com Sanap *et al.* (1985), a incidência do tripes da malagueta foi observada na primeira semana de agosto em Maharashtra, tendo a população aumentado gradualmente até setembro e diminuído depois.

Velayudhan *et al.* (1985) observaram que a precipitação e a temperatura tinham um impacto significativo não só na força numérica dos tripes, mas também na sua capacidade reprodutiva e na pupação no solo. A precipitação e a temperatura mais elevada causaram um declínio dramático das populações durante maio-junho e novembro-dezembro no feijão.

Patnaik *et al.* (1986) observaram que a menor incidência de tripes do pimentão foi registada de agosto a dezembro em Orissa. No entanto, o pico de incidência verificou-se em janeiro e depois a população diminuiu gradualmente. Também referiram que a temperatura, a precipitação e a humidade relativa estavam negativamente correlacionadas com o tripes, mas que a variação diurna da temperatura estava positivamente correlacionada com a população de tripes.

Borah (1987) observou que a atividade de *S. dorsalis* se verificava durante todo o ano na região nordeste. No entanto, a incidência de *S. dorsalis* na malagueta foi grave de setembro a janeiro. Além disso, o autor referiu que a população aumentava durante os períodos secos, com temperaturas mínimas e menor intensidade de precipitação.

De acordo com Patel (1992), a incidência de tripes foi observada durante toda a época de cultivo da malagueta, com uma média de 3,53 tripes por cada 3 folhas superiores por planta. A infestação de tripes começou na terceira semana de setembro e continua até à quarta semana de dezembro em Udaipur, Rajasthan.

A atividade do tripes da malagueta, *S. dorsalis*, foi detectada entre a primeira semana de setembro e a segunda semana de janeiro em Annand, Gujrat, tal como referido por Panickar e Patel (2001).

Patel (2009) realizou uma experiência em Anand, Gujarat, e relatou que a incidência de *S. dorsalis* na cultura da malagueta começou na primeira semana de setembro e continuou até à colheita das culturas. O pico de atividade foi registado em novembro e fevereiro-março. Além disso, existia uma relação positiva significativa com as horas de sol brilhante e a temperatura máxima, ao passo que foi encontrada uma correlação negativa significativa com a humidade relativa e a precipitação.

Vanisree *et al.* (2011) referiram que a incidência de *S. dorsalis* foi observada na 40.ª semana meteorológica padrão (SMW) e continuou até à colheita da malagueta. No entanto, a população atingiu o seu pico (1,80 por folha) na 52.ª semana meteorológica padrão em Andra Pradesh.

2.1.1.4 Incidência sazonal do ácaro *P. latus* (Trombidiformis: Tarsonmidae)

Butani (1976) relatou, na região ocidental da Índia, que o pico de incidência de ácaros na malagueta foi observado durante a 1ª e a 2ª semanas de novembro, com uma média de 2,62 e 2,82 ácaros por 3 folhas por planta. Também referiu uma relação negativa com a temperatura máxima, a temperatura mínima e a humidade relativa da manhã e uma correlação positiva com a humidade relativa da tarde, a precipitação e as horas de sol, respetivamente.

A infestação máxima de *P. latus* na malagueta foi encontrada nos estágios iniciais da safra de verão, de fevereiro a maio, em comparação com as safras *de kharif* e *rabi* em Rahuri, conforme relatado por Moth (1976). Da mesma forma, Schoonhoven *et al.* (1978) opinaram que o surto do ácaro ocorreu sob clima excecionalmente quente, enquanto a temperatura elevada afectou negativamente a população deste ácaro no feijão.

De acordo com Murthy (1984), a população de ácaros apareceu na cama de viveiro da malagueta após 40 dias de sementeira e observou-se que a população de ácaros se multiplicou mais rapidamente durante o mês de novembro nos principais campos de Andra Pradesh.

A temperatura elevada desempenhou um papel importante no desenvolvimento e na constituição da população do ácaro da malagueta em Maharashtra, tal como referido por Sanap *et al.* (1985).

A população de ácaros na malagueta atingiu um pico durante o mês de fevereiro em Coimbatore, tal como referido por Karuppuchami e Mohansundaram (1987).

Fernandes e Ramos (1995) observaram a incidência do ácaro *P. latus* na malagueta durante o período de agosto-novembro em Cuba.

Observou-se uma maior abundância do ácaro entre junho e setembro em Tamil Nadu, abril-junho e outubro-novembro em Bengala Ocidental quando a temperatura atmosférica variou entre 29,5°C e 32,06°C com uma humidade relativa de 66 por cento para o desenvolvimento da população de ácaros na malagueta (Annon.,1996-98).

Observou-se uma maior incidência de *P. latus* em plantas de malagueta nas condições agro-climáticas de Orissa e a população de ácaro amarelo esteve disponível durante todo o período de estudo. Além disso, verificou-se que a população de *P. latus* aumentou gradualmente a partir [da] 32.ª semana padrão e atingiu um pico durante a 41. Os estudos de correlação entre a população de ácaros e os parâmetros meteorológicos mostraram que houve um impacto negativo com a temperatura máxima e mínima, enquanto as horas de sol tiveram um impacto positivo (Ram *et al.*, 1997 e 1998).

Lingeri *et al.* (1998) estudaram a incidência sazonal do ácaro da malagueta, *P. latus*, em Karnataka e indicaram que a atividade de *P. latus* se verificou durante todo o período de cultivo. Mas o pico de atividade do ácaro da malagueta foi observado em novembro e fevereiro e a população de ácaros foi favorecida por temperaturas mais elevadas, menor humidade e menor intensidade de precipitação. A análise de correlação simples revelou que a população de ácaros apresentou uma correlação positiva significativa com a temperatura máxima e uma correlação negativa com a humidade relativa e a precipitação total.

Gouse *et al.* (1999) observaram que a incidência do ácaro amarelo na malagueta começava na última semana de outubro ou na primeira semana de novembro, mas permanecia a baixa intensidade durante todo o mês de novembro, seguida de um aumento progressivo da população durante dezembro e janeiro, dependendo da flutuação da temperatura máxima. Verificou-se que a temperatura máxima e a temperatura mínima têm uma influência negativa significativa na acumulação de ácaros no Paquistão.

Tonet *et al.* (2000) observaram que a incidência do ácaro do enrolamento da folha, *P. latus*, em gergelim no Brasil foi influenciada por fatores abióticos na cultura do limão silício. A correlação com a humidade relativa (tanto de manhã como à noite) foi positiva e significativa. A temperatura máxima apresentou correlação negativa e significativa com a população de ácaros. Enquanto a temperatura mínima e a precipitação foram negativamente correlacionadas com a população de ácaros. O pico da população de ácaros (28,7 por folha) foi registado em meados de setembro. O nível populacional foi diretamente proporcional à temperatura e inversamente proporcional à precipitação.

Ahuja (2000) referiu que o pico de incidência de *P. latus* no sésamo foi registado em meados de setembro (28,7 por folha) no Rajastão, enquanto na aldeia de Devanahalli, em Bangalore, o pico de atividade dos ácaros foi observado entre junho e julho na malagueta, tal como referido por Rani (2001).

Jovicich *et al.* (2004) relataram que as populações de ácaros aumentaram exponencialmente à medida que os dias após a muda (DAS) aumentaram e as populações se desenvolveram mais rapidamente em mudas mais velhas que foram infestadas aos 38DAS e os danos às mudas foram maiores naquelas infestadas em estágios mais jovens de desenvolvimento na cultura do pimentão no Brasil.

Em Parbhani, Maharastra, Bhede *et al.* (2008) observaram que a infestação de *P. latus* na malagueta apresentava uma correlação negativa não significativa com a temperatura mínima e a humidade relativa da manhã e da tarde.

Patil e Nandihalli (2009) realizaram uma investigação de campo em culturas de malagueta em Dharwad e revelaram que a atividade do ácaro largo *P. latus* na malagueta se verificou durante todo o período de cultivo. No total, registaram-se três picos, dois no verão (abril-maio) e um em *rabi* (novembro). Tanto os factores bióticos como os abióticos desempenharam um papel significativo na decisão da população de *P. latus*.

Montasser *et al.* (2011) relataram que as densidades da população de *P. latus* que infesta as cultivares de pimento são mais elevadas no outono (setembro-outubro) e na primavera (março) no Egito. Foi observada uma correlação positiva significativa entre a temperatura e a flutuação sazonal da população de *P. latus* nas cultivares de pimento testadas. A relação entre a flutuação da população *de P. latus* e a humidade relativa foi significativamente positiva em todas as cultivares de pimento testadas, exceto no pimento Impala, que apresentou uma relação positiva não significativa.

Vichitbandha e Chandrapatya (2011) realizaram uma experiência na Universidade de Kasetsart, no campus de Kamphaeng saen, na Tailândia, e referiram que o ácaro da fava era a praga mais comum recolhida em rebentos jovens de malagueta. A população de ácaros começou a aumentar a partir de setembro e atingiu o seu pico em meados de outubro. As plantas infestadas por ácaros durante a estação inicial apresentavam frequentemente mais danos do que na estação final.

Singh e Singh (2012) estudaram o efeito de factores abióticos relacionados com a dinâmica populacional do ácaro amarelo, *P. latus*, na malagueta em Varanasi e referiram que *P. latus* tinha uma população muito flutuante de estação para estação. Os estudos de correlação revelaram que a UR média tinha uma correlação positiva significativa e a precipitação média tinha uma correlação negativa com a população de *P. latus*.

2.1.1.5 Incidência sazonal do jassídeo, *A. bigutulla bigutulla* (Homoptera: Cicadellidae)

Dhamadere *et al.* (1995) realizaram uma experiência em brinjal em Gwalior, Madhya Pradesh e relataram que a população de cigarrinhas estava ativa durante toda a época de cultivo. A temperatura média de 27,3°C, 28,2°C, a humidade relativa de 43,5 por cento e 72,5 por cento e umas horas de sol razoavelmente boas durante o verão e a estação *da colheita* foram consideradas as mais favoráveis para a população da praga.

Patel *et al.* (1997) efectuaram um estudo de campo em Anand, Gujrat, sobre quiabo e registaram uma correlação negativa entre a população de jassídeos e a temperatura, enquanto Prasad e Longiswaran (1997) encontraram uma associação negativa entre a população de jassídeos e a precipitação em brinjal em Madurai, Tamil Nadu.

Singh e Singh (2002) referiram que o aparecimento de jassídeos em brinjal ocorreu nas primeiras fases de crescimento da cultura em Barapani, Megalaya.

Bansi (2004) realizou um estudo em parcelas fixas em diferentes aldeias de Raichur durante diferentes meses e indicou que a população mais elevada de *A. biguttula biguttula* (2,21 por 3 folhas) foi registada durante a segunda quinzena de dezembro na malagueta.

Dhaka e Pareek (2008) realizaram uma experiência no agroecossistema semi-árido do Rajastão para avaliar a relação entre a dinâmica populacional de insectos nocivos ao algodão e os parâmetros meteorológicos, tendo constatado que a temperatura máxima tinha uma correlação significativa e negativa, enquanto a humidade relativa da manhã e da tarde tinha um efeito significativo e positivo na população de *A. biguttula biguttula*.

Mathur *et al.* (2012) observaram que a população de *A. biguttula biguttula* apresentava uma correlação negativa significativa com a temperatura máxima e mínima e a velocidade do vento, enquanto se verificava uma correlação positiva com a humidade relativa média e a precipitação em brinjais.

A população de *A. biguttula biguttula* mostrou uma correlação positiva com a temperatura máxima e mínima em brinjal, tal como referido por Tiwari *et al.* (2012) em Meerut.

2.1.1.6 Incidência sazonal do escaravelho da pulga, *M. signata* (Coleoptera: Chrysomelidae)

A temperatura teve um efeito no tempo de emergência dos adultos de *Phyllotreta cruciferae* no final do verão e no outono em Manitova gove no Canadá, o que pode afetar a sua capacidade de sobreviver de forma adequada, tal como confirmado por Tumock *et al.* (1987).

Chen *et al.* (1991) observaram que chuvas fortes ou sucessivas com temperaturas elevadas eram desfavoráveis ao crescimento e desenvolvimento do escaravelho da mostarda, *P. cruciferae*. A atividade alimentar de *P. cruciferae* ocorre quase exclusivamente à luz do dia, tal como confirmado por Peng *et al.* (1992) em sementes oleaginosas.

Sorensen (2005) relatou na Carolina do Norte que a incidência do escaravelho *M. signata* no pimento era muito baixa, variando de 0,00 a 0,20, com uma média de 0,07 gorgulhos por planta. No entanto, o besouro actua como uma praga menor da referida cultura.

2.1.2 Inimigo natural

A preocupação cada vez maior com a qualidade ambiental e a saúde humana tem enfatizado a utilização de agentes bióticos no combate aos insectos pragas das culturas, em particular dos produtos hortícolas. Os inimigos naturais, tais como parasitóides, predadores e agentes patogénicos, regulam a população de insectos pragas na natureza, dando dinamismo à sua tendência populacional.

Agarwal e Raychaudhuri (1981) relataram, em Sikkim, que *Capsicum* spp. infestado pelo complexo *A. gossypii* era principalmente predado por *Coccinella septumpunctata* L.

Um patógeno fúngico *Beuveria bassiana* (Bals) de A. *gossypii* em brinjal em Assam foi relatado por Kalita *et al.* (1996).

Kalita *et al.* (1998) apresentaram uma lista de coccinelídeos predadores de *A. gossypii* associados à cultura de brinjais em Assam. As espécies registadas foram *Cheilomenes sexmaculata* (F.), *Coccinella repunda* Thund., *Harmonia dimidiate* (F.), *Lemia biplogiata* (Swartz), *L. bissellata, Platynaspia sp., Chilocorus nigritus* (F.), *Micraspis discolor* (F.) e *Oenopia sp.,* respetivamente.

Chandrakumar *et al.* (2008) referiram que a população máxima de escaravelhos coccinelídeos apareceu no campo durante a primeira semana de dezembro e a segunda semana de janeiro em brinjais.

Lokeshwari *et al.* (2010) referiram que quatro espécies importantes de coccinelídeos, *nomeadamente H. octomaculata* (F.), *C. transversalis* (F.), *C. sexmaculata* (F.) e *C. septempunctata* (L.), foram observadas na cultura do pepino em Manipur. No entanto, *H. octomaculata* foi observada em maior densidade numérica quando a densidade de afídeos era consideravelmente elevada durante o mês de maio no pepino.

Meena e Kanwat (2010) realizaram uma experiência de campo no Rajastão e referiram que o aparecimento dos besouros coccinelídeos começou na primeira semana de agosto e atingiu o seu máximo na primeira semana de outubro na cultura do quiabo.

No entanto, a temperatura mínima e a humidade relativa apresentaram uma correlação negativa significativa, enquanto a temperatura máxima apresentou uma correlação positiva não significativa com a população de coccinelídeos. A precipitação também apresentou uma correlação negativa não significativa.

Numa experiência laboratorial conduzida por Prabhakar e Roy (2010), a eficácia alimentar de uma única *C. sexmaculata* foi de 25,5 a 31,3 pulgões, enquanto *a de C. transversalis* foi de 29 a 37,2 pulgões em 24 horas, em condições de controlo de temperatura e humidade.

Rahman *et al.* (2010) observaram um total de cinco espécies de coccinelídeos, *a saber, Menochilus sexmaculatus* F., *Coelophora inaequialis* (F.), *C. transversalis* F., *H. occtomaculata* (F.) e *Coelophora bissellatta* (Mulsant) no ecossistema da malagueta na Malásia. Destas, *M. sexmaculatus* foi a espécie mais abundante a colonizar a malagueta, seguida de *C. inaequialis, H. occtomaculata* e *C. bissellatta.*

Satti *et al.* (2012) realizaram uma experiência no norte do Sudão com quiabos. Foi detectado um total de 14 espécies predadoras, em sete famílias, incluindo membros de coccinelídeos, crisopídeos, sirfídeos, manídeos e aranhas em níveis variáveis, atacando principalmente *B. tabaci* e *A. gossypii,* para além de outros insectos moles. Os sirfídeos, crisopídeos e coccinelídeos foram os grupos mais abundantes durante o inverno.

2.2 Gestão das pragas de insectos de *Bhutjolokia*

2.2.1 Biopesticidas

Rao e Ahmed (1986) realizaram uma experiência em Coimbatore e referiram que a aplicação de bagaço de Neem @ 500 kg por ha, a imersão de plântulas com 1 por cento de óleo de Neem seguido de pulverização de óleo de Neem a intervalos semanais reduziu a população de tripes para níveis mais baixos na malagueta.

Entre as formulações comerciais de Neem, o Repelin (1%) foi considerado eficaz na redução da percentagem média mais elevada de tripes e ácaros na malagueta, com uma redução de 48,50 a 64,35 por cento nos danos causados aos frutos por *H.*

armigera e *S. litura* em Kerala, tal como referido por Rajasri *et al.* (1991).

Mariappan e Samuel (1993) verificaram que o óleo de sementes de Neem provou ser eficaz para gerir *A. craccivora* e *M. persicae* que transmitem o vírus do mosaico da malagueta em Tamil Nadu.

Dimetry *et al.* (1994) relataram que dois produtos comerciais de extrato de sementes de Neem (Neem-azal-S e Margosa-O) provaram ser seguros para ácaros predadores, *Amblyesius barker!* (Hughes) e *Typhalodromus richteri* (Karg) no Brasil.

Em Karnataka, Sobitadevi e Reddy (1995) referiram que as formulações de Neem, Indiara e Neemark, reduziram o pepper vein banding virus e o cucumber mosaic virus na malagueta transmitidos por afídeos no Sul da Índia.

Pena *et al.* (1996) realizaram uma experiência laboratorial na Universidade da Florida, EUA, e relataram que a mortalidade máxima do ácaro da fava foi causada por *B. bassiana* @ 1,16 x 10^6 conídios por ml em condições de controlo de temperatura e humidade, respetivamente. Também foi revelado que a planta tratada com este fungo teve a maior e mais rápida mortalidade do ácaro da fava em comparação com *Paecilomyces fumosoroseus* e *Hirsutella thompsonii,* respetivamente.

Em Madras, Chandrasekaran e Veeravel (1998) observaram que a aplicação de Achook @ 1,5 por cento registou uma redução de 72,9 por cento da população de tripes da malagueta, seguida de Achook @ 1 por cento (69,5%) e óleo de Neem 5% (60,1%).

Mallikarjun *et al.* (1998) verificaram que a aplicação de bagaço de Neem @ 500 kg/ha + imersão das plântulas com 1 por cento de emulsão de óleo de Neem durante 12 horas + 1 por cento de pulverização de óleo de Neem em intervalos semanais foi considerada eficaz contra a broca da malagueta, *H. annigera* e *S. litura* em Andra Pradesh.

Chakraborti (2000) referiu, em Bengala Ocidental, que os tratamentos à base de Neem, como a pulverização com óleo de Neem, NSKE, azadiractina e todos estes tratamentos combinados com fosfamidão, controlaram eficazmente o ácaro amarelo na malagueta e mantiveram a sua população a um nível baixo.

Lingappa *et al.* (2002) avaliaram várias tecnologias indígenas para gerir a população de tripes e ácaros que atacam a malagueta em Calicut. Entre elas, a aplicação de 2,5 ml de Nimbecidina registou o menor índice de enrolamento das folhas (ICF) devido a tripes e ácaros, respetivamente.

Reddy (2003) realizou uma experiência em Dharwad, Karnataka, e referiu que a aplicação de 5 por cento de NSKE registou o índice mais baixo de enrolamento das folhas devido à redução da incidência de tripes e ácaros na malagueta.

A torta de neem e o vermicomposto foram mais eficazes na redução de tripes, ácaros e índice de ondulação das folhas no frio e bastante seguros para coccinelídeos e ácaros predadores, como mencionado por Varghese (2003).

Giraddi e Smitha (2004) relataram em Karnataka que, entre as emendas orgânicas, a torta de Neem @ 500 kg por ha com 50% de FTR (Dose Recomendada de Fertilizante) resultou numa redução significativa de tripes e ácaros induzidos pela ondulação das folhas, danos nos frutos por *H. armigera* e maior produção de frutos de malagueta. Além disso, as alterações orgânicas, nomeadamente a torta de Neem e o vermicomposto, quer isoladamente quer em meias doses combinadas com 50% de FTR, foram seguras para os coccinelídeos e *C. camea* no ecossistema da malagueta (Ravikumar, 2004).

Gayatridevi (2006) relatou que a torta de Neem e o vermicomposto com diferentes doses de fertilizantes foram considerados bastante seguros para o besouro coccinelídeo e *Chrysoperla* na cultura da malagueta.

George (2006) verificou que as alterações orgânicas do solo, *nomeadamente* o vermicomposto e a torta de Neem, a aplicação de vermiwash e NSKE e

As pulverizações com neemazal registaram uma população significativamente menor de tripes, ácaros e índice de ondulação das folhas e também foram bastante seguras para a fauna inimiga natural, *nomeadamente* coccinelídeos, *Illeis indica* e crisopídeos, *C. camea.*

Loureiro *et al.* (2006) realizaram um experimento no Brasil para avaliar os efeitos dos fungos entomopatogênicos *B. bassiana, Metarrhizium anisopliae, P. fumosoroseus* e *Verticillium lecanii* sobre ninfas de terceiro instar de *A. gossypii* e *M. persicae* em laboratório a 25 °C, 70 ± 10% UR com fotofase de 12 h. Os fungos foram aplicados numa suspensão contendo 1,0 x 106 a 1,0 x 108 conídios/ml. A mortalidade dos pulgões foi avaliada diariamente. Os resultados revelaram que *V. lecanii* foi o que melhor causou 100% de mortalidade de pulgões no sétimo dia após a inoculação, em comparação com outros biopesticidas.

Seal *et al.* (2006) realizaram um estudo em Williams Farms, Georgetown, São Vicente, para avaliar a eficácia dos insecticidas espinosade, clorfenapir, novalurão, abamectina, espiromesifeno, ciflutrina, metiocarbe e azadiractina no controlo da praga da malagueta. Os resultados revelaram que o tripes da malagueta foi eficazmente controlado pelo espinosade e pelo imidaclopride.

Uma experiência de campo foi realizada por Giraddi (2007) em Dharwad para avaliar o efeito de alterações orgânicas, *nomeadamente* vermicomposto, bagaço de Neem e vermiwash, na atividade da fauna de predadores de pragas de insectos da malagueta. *M. sexmaculatus* e *C. carnea* foram os predadores predominantes observados na cultura. Foi também mencionado que os produtos orgânicos utilizados no estudo não afectaram os predadores e foram comparáveis à densidade de predadores observada no controlo não tratado.

Reddy *et al.* (2007) realizaram uma experiência de campo na ANGRAU, Hyderabad, para avaliar a eficácia de certos tratamentos insecticidas contra tripes, ácaros e brocas da vagem da malagueta. Entre todos os tratamentos, observou-se que o spinosad 45 % SC @ 0,3 e 0,2 ml foi o melhor tratamento contra as brocas das vagens, seguido do indoxacarb 14,5% SC @ 1,0 e 0,5 ml.

A aplicação de *B. bassiana* e *P. fumosoroseus* nos rebentos de malagueta @ de 1 x IO^{10} conídios/ml reduziu significativamente a população de ácaros e, subsequentemente, resultou numa elevada percentagem de recuperação de rebentos (93,33%) em plantas *de C. annum* com um mês de idade, tal como referido por

Nugroho e Ibrahim (2007) da Indonésia.

A avaliação laboratorial da formulação à base de óleo, pó molhável e formulação bruta de *B. bassiana, M. anisopliae* e *V. lecanii* em pragas sugadoras do quiabeiro revelou que a formulação à base de óleo *de B. bassina* e *M. anisopliae* registou 96,67% de mortalidade da cigarrinha, enquanto *V. lecanii* registou 96,77% de mortalidade da cigarrinha dez dias após o tratamento. Mas a avaliação no terreno das diferentes formulações revelou que a formulação à base de óleo de *M. anisopliae* registou um número médio de cigarrinhas por 3 folhas de 2,52 e 4,66 e *V. lecanii* registou um número médio de cigarrinhas por 3 folhas de 2,20 e 4,37, respetivamente, tal como referido por Harischandra (2008) na UAS, Dharwad.

Maketon *et al.* (2008) realizaram um estudo sobre 12 entomopatogénicos contra os ácaros da amoreira na Tailândia. Observou-se que *M. anisopliae* foi a estirpe mais virulenta no controlo de ninfas e ácaros adultos na concentração de 2×10^8 conídios/ml.

Ghosh *et al.* (2010) realizaram uma experiência de campo em Bengala Ocidental para descobrir a eficácia do spinosad 45% SC contra a broca do fruto. Verificou-se que o spinosad era eficaz contra *H. armigera* a 73 a 84 gm *a.i./ha* no campo de tomate e também era seguro para *M. sexmaculatus, Syrphus corollae* e *C. carnea*.

Pandey *et al.* (2010) realizaram uma experiência em Varanasi e referiram que a doença do enrolamento das folhas da malagueta foi eficazmente controlada pelo extrato de sementes de Neem, seguido de extrato de sementes de karanj e tumba a 5%. Do mesmo modo, o inseticida imidaclopride 17,8 SL (0,003%) seguido de spinosad 48EC (0,02%) revelou-se mais eficaz do que o malatião 48EC (0,05%) e o acefato 75SP (0,01%).

Seal e Kumar (2010) realizaram uma experiência nos Estados Unidos da América para avaliar a eficácia de certos inseticidas juntamente com fungos entomopatogénicos para controlar *S. dorsalis* em *C. annuum*. Os resultados mostraram que, entre os diferentes biopesticidas, o spinosyn, quando aplicado como uma única pulverização foliar, suprimia significativamente tanto as ninfas como os adultos de *S. dorsalis* até 15 dias após os tratamentos.

Jagdish e Pumima (2011) realizaram uma experiência em estufa em Raichur, Karnataka, para determinar a eficácia de produtos botânicos e entomopatogénicos contra *S. dorsalis* em diferentes fases da roseira. Os resultados revelaram que, entre os diferentes produtos botânicos, NSKE (2%) registou 74,37% de mortalidade de tripes.

Tiwari *et al.* (2011) referiram, em Meerut, que os pesticidas de origem biológica e à base de neem eram relativamente menos nocivos para o inimigo natural do que os insecticidas orgânicos sintéticos mais recentes e convencionais para a brinjal.

Numa experiência de laboratório, Montasser (2011) do Egito relatou que *B. bassiana* foi mais eficaz para gerir *P. latus* em capsicum, seguido de azadiractina e 4,5% de Matrine.

Ibrahim *et al.* (2011) testaram *M. anisopliae* e *B. bassiana* contra pulgões e moscas brancas e os resultados revelaram que 100% da mortalidade de pulgões foi observada em ambos os tratamentos fúngicos após 7 dias de inoculação. Os valores estimados de LC50 contra *M. persicae* foram 103,88 e 104,75 conídios/ml, respetivamente.

Arthurs *et al.* (2012) realizaram uma experiência nas Caraíbas e no sudeste dos Estados Unidos para avaliar a eficácia de certas estirpes comerciais de fungos entomopatogénicos contra o tripes da malagueta. Os resultados revelaram que o espinosade reduziu as populações em 94-99%, *M. brunneum* em 84-93%, *B. bassiana* em 81-94% e *P. fumosorosea* em 62-66%. No entanto, a proporção de frutos comercializáveis também foi significativamente aumentada pelos tratamentos com *M. brunneum e B. bassiana*, respetivamente

Shafie e Abdelraheem (2012) realizaram uma experiência de campo no Sudão. Relataram que três biopesticidas (NeemAzal, spinosad e sumicidina) contra os principais insectos do tomateiro, tendo o NeemAzal demonstrado ser eficaz contra *B. tabaci, A. gossypii* e *H. armigera*. Foram também encontrados números mais elevados de crisopídeos verdes, *C. carnea*, nas parcelas tratadas com biopesticidas e nas parcelas de controlo, em comparação com as parcelas tratadas com sumicidina.

Gundanavar e Giraddi (2013) relataram em Karnataka que a aplicação dividida de bolo de Neem @125 kg/ha com vermicomposto @ 625 kg/ha aos 50 DAT foi considerada a mais eficaz contra pragas sugadoras com maior rendimento.

Na UAS, Dharwad, entre os tratamentos de gestão biológica de pragas, a aplicação de *V. lecanii* @ 2g/lt + NSKE @ 5% aos 20 e 60 dias após o transplante (DAT), enxofre @ 2 g/lt + NSKE @ 5% aos 40 DAT, *Trichoderma harzianum* @ 2g/lt + NSKE @ 5% aos 80 DAT registou danos significativamente mais baixos da broca do fruto (16,35 %) e do complexo murda da malagueta em relação a outros tratamentos na malagueta (Patil *et al.*, 2014).

Phukon (2014) efectuou um estudo de campo nos campos dos agricultores de Jorhat, Assam, para avaliar a eficácia de três biopesticidas comerciais, *B. Bassiana, M. anisopliae* e um botânico, ou seja, óleo de Neem, em comparação com a cipermetrina contra a broca do tomateiro. O estudo revelou que a redução dos danos nos frutos foi de 92,20% na parcela tratada com cipermetrina, seguida de 91,12%, 88,74% e 87,01% com óleo de Neem, *B. Bassiana* e *M. Anisopliae,* respetivamente. Verificou-se que os fungos entomopatogénicos *B. bassiana* e *M. anisopliae* podem ser utilizados eficazmente na gestão de pragas.

Chaudhary *et al.* (2014) relataram, em Maharastra, que a aplicação foliar da formulação de talco de *M. anisopliae* @ 5 ml/1 registou a maior redução da população larvar (85,41%) da broca do fruto do tomateiro aos 10 DAS. O tratamento combinado com endosulfan @ 2 ml/1 (7,37%) e talco *de M. anisopliae* 5g/1 (8,12%) foi igualmente eficaz para registar menos danos nos frutos.

A aplicação de vermicomposto 2,5 t/ha + bagaço de Neem 250 kg/ha foi considerada o módulo mais eficaz contra o complexo de pragas sugadoras (pulgões, tripes e ácaros) em relação à broca da malagueta e os inimigos naturais predominantes *(Amblyseius ovalis,* aranhas, *C. sexmacculata, C. septempunctata* e *Stethorus gilvifrons)* eram moderadamente seguros no ecossistema da malagueta, tal como relatado por Sarkar (2015) da área de Ranaghat de Bengala Ocidental

2.2.2 Imidaclopride

Elbert *et al.* (1991) relataram, no Reino Unido, que o imidaclopride era altamente eficaz no controlo de pragas de homópteros, ou seja, afídeos, cigarrinhas, fungos, tripes e moscas brancas em pimentão e tomate.

Jamade e Dethe (1994) referiram que o tratamento de sementes com 15 g de imidaclopride 70 WS por kg de sementes seguido de imersão das raízes das plântulas com 0,03 por cento de imidaclopride 200 SL proporcionou um excelente controlo de pragas sugadoras na malagueta.

O tratamento das sementes com imidaclopride 70 WS em diferentes doses e a imersão das raízes das plântulas com 0,02 e 0,04% de imidaclopride 200 SL registaram uma população mínima de tripes, ácaros e pulgões até 60 dias. O tratamento combinado com imidaclopride 70 WS @10 g/kg de semente + 0,04% de imidaclopride 200 SL na raiz proporcionou maior proteção contra pragas sugadoras com rendimento máximo, conforme relatado por Mote *et al.* (1994) de Karnataka. Da mesma forma, o tratamento de sementes com imidaclopride 70 WS @ 15 g por kg de sementes de malagueta também foi considerado eficaz para manter as plântulas de malagueta livres de pragas sugadoras, *nomeadamente* tripes, ácaros e pulgões, conforme relatado por Sunanda e Dethe (1998).

Lucas *et al.* (1999) constataram que sementes de algodão tratadas com imidaclopride e aldicarbe aplicados em sulcos reduziram significativamente a incidência de *A. gossypii* até 20 dias após a emergência das plantas e que o imidaclopride em pulverização foliar controlou a praga até 10 dias após a aplicação.

Manjunatha *et al.* (2000) realizaram uma experiência em Karnataka com malagueta e descobriram que o índice de enrolamento das folhas era significativamente baixo (18,4%) nas plantas tratadas com imidaclopride @ 0,25 gm em comparação com as não tratadas.

Chiranjeevi *et al.* (2002) realizaram uma experiência com malagueta em Andra Pradesh e referiram que a imersão das raízes das plântulas com imidaclopride 200 SL @ 1 ml/litro de água durante 3 horas, seguida de pulverização foliar de imidaclopride

200 SL @ 50 ml/acre com um intervalo de 15 dias, a partir dos 21 DAT até aos 90 DAT, se revelou eficaz, com menor incidência de pragas sugadoras e com rendimentos mais elevados de 26,71 q/ha.

Patil *et al.* (2002) avaliaram o imidaclopride 17.8 SL contra o complexo de pragas sugadoras da malagueta, *nomeadamente* afídeos, tripes e jassídeos, em comparação com insecticidas convencionais. O imidaclopride 17.8 SL a 125 e 150 ml/ha foi altamente eficaz contra o complexo de pragas sugadoras da malagueta e revelou-se melhor do que o monocrotofos e o dimetoato.

Mohapatra e Sahu (2005) testaram a eficácia do imidaclopride 70 WS e do imidaclopride 600 FS como insecticidas de tratamento de sementes contra as pragas sugadoras do algodão no início da estação, *nomeadamente* o jassídeo, o afídeo e o tripes. Tanto o imidaclopride 70 WS a 7,5 g/kg de sementes como o imidaclopride 600 FS a 12 ml/kg de tratamento de sementes revelaram-se mais eficazes na proteção da cultura contra o complexo de pragas sugadoras até 45 dias após a emergência.

Akbar *et al.* (2010) realizaram uma experiência no Paquistão para avaliar o Biosal 10EC e o naturalyte, spinosad 240SC em comparação com insecticidas convencionais como o imidacloprid 25WP, o endosulfan 35EC e o profenofos 500EC contra o pulgão *M. persicae* na cultura da couve. A ordem de eficácia foi encontrada como imidaclopride > endosulfan > profenofos, mostrando 90,41, 77,01 e 69,84 por cento de redução na população de pulgões, respetivamente. O tratamento com biosal e espinosade também foi considerado eficaz contra o pulgão.

Preeta *et al.* (2011) relataram que a aplicação foliar de imidaclopride 17.5 SL a 50 g a.Uha mostrou toxicidade contra *A. gossypii* em algodão em Coimbatore.

Em Rajasthan, Kalyan *et al.* (2012) avaliaram a bioeficácia de seis novas moléculas contra jassídeos e moscas brancas do algodão. Verificaram que o espinosade, o imidaclopride, o acefato e o fipronil controlam eficazmente a população de jassídeos e moscas brancas, respetivamente.

Das (2013) realizou uma experiência no Bangladesh e relatou que a maior mortalidade do pulgão da malagueta foi observada com imidaclopride @ 0,3 ml/L e a maior mortalidade foi registada 3 dias após a pulverização do inseticida. Por conseguinte, para controlar o pulgão da malagueta, o imidaclopride 20 SL seria um excelente inseticida neonicotinóide com a dose de 0,2 ml/L, tendo em conta o nível de mortalidade.

Prabhu *et al.* (2014) realizaram um ensaio inseticida contra insectos nocivos da malagueta na Estação de Investigação Agrícola, Hanumanamatti, e referiram que o imidaclopride 17,8% SL se revelou significativamente eficaz para a gestão do tripes da malagueta numa dose de 50 g *a.i.* por ha ou 250 ml de produto formulado por ha.

CAPÍTULO 3

MATERIAIS E MÉTODOS

A presente investigação foi levada a cabo para estudar a incidência e a gestão de pragas de insectos de *Bhut Jolokia, Capsicum chinense* Jacq. no campo e no laboratório durante o ano de 2014 e 2014-2015, respetivamente. A experiência de campo foi realizada na quinta experimental, Departamento de Horticultura, Universidade Agrícola de Assam, Jorhat, e os estudos laboratoriais foram realizados no Laboratório de Biocontrolo, Departamento de Entomologia, Universidade Agrícola de Assam, Jorhat. Neste capítulo, descrevem-se pormenores sobre os materiais utilizados e a metodologia seguida durante a investigação.

3.1 Localização do sítio experimental

A localização geográfica do sítio experimental situa-se aproximadamente a 26° 47'N de latitude e 94°12'E de longitude, a uma altitude de 86,6 m acima do nível médio do mar. O solo de Jorhat é maioritariamente aluvial e franco-arenoso, com pH entre 4,8 e 5,5. Foi selecionado um local adequado e uniforme para a presente experiência.

3.2 Condições climatéricas e meteorológicas

As condições climáticas de Jorhat são subtropicais, com um verão quente e húmido e um inverno frio. As médias semanais da temperatura máxima e mínima, da humidade relativa, da precipitação total e das horas de sol brilhante durante o período da experiência foram recolhidas no Departamento de Física e Meteorologia da Universidade Agrícola de Assam, Jorhat, e são apresentadas nos apêndices I e II. A estação das monções começa normalmente em junho e estende-se até setembro, diminuindo a intensidade da precipitação a partir de outubro. A precipitação média anual é superior a 2000 mm por ano e a humidade média é de cerca de 85%. A temperatura aumenta gradualmente a partir de março e atinge o pico em agosto.

3.3 Pormenores da experiência

3.3.1 Conceção e apresentação

O experimento foi realizado em delineamento de blocos casualizados (DBR) com três repetições. A área bruta do experimento foi de 532,5 m². A área bruta foi dividida em 3 blocos. Cada bloco foi dividido em 7 parcelas iguais medindo 16,5 m2 (4mx4,5m) cada parcela. No total, havia 21 parcelas, incluindo o controlo não tratado. O espaçamento entre blocos e parcelas foi de 1 m e 0,5 m, respetivamente. O plano e a disposição da experiência são apresentados na Fig. 1.

3.3.2 Cultivo da planta hospedeira

Uma variedade local de *Bhut Jolokia (Capsicum chinense* Jacq.) foi selecionada para a presente experiência. Trata-se de uma das variedades mais populares, adequada a todas as zonas agro-climáticas de Assam (placa 1).

3.3.3 Preparação do campo e cultivo da cultura

A preparação do campo e o cultivo da cultura foram efectuados de acordo com o pacote de práticas para as culturas hortícolas de Assam (Anon., 2005).

O campo foi preparado através de lavoura seguida de plantação e a parcela estava livre de torrões e ervas daninhas. Antes da transplantação, as doses recomendadas de estrume e fertilizantes foram aplicadas a cada parcela à razão de 10 toneladas de estrume de vaca por ha com 120 kg, 60 kg, 60 kg N: P: K por ha. Metade do nitrogênio e doses completas de fósforo e potássio devem ser aplicadas como basal e, no caso de fertilizantes nitrogenados, a metade restante do nitrogênio foi usada como cobertura em duas divisões aos 30 e 60 dias após o transplante da cultura. As mudas foram transplantadas com um espaçamento de Imxlm.

3.3.4 Estudo do complexo de pragas e inimigos naturais

Os estudos sobre pragas e inimigos naturais associados à *Bhut Jolokia* e sua sazonalidade de ocorrência e abundância foram realizados durante 2014 e 2014-15, respetivamente. As mudas foram transplantadas em duas estações. Na primeira época, a cultura foi transplantada em 11 de fevereiro de 2014 e na segunda época em A segunda época foi a 17 de dezembro de 2014. A cultura foi monitorizada regularmente para registar o aparecimento de pragas de insetos. Os espécimes encontrados no campo foram recolhidos e levados para o laboratório para posterior identificação.

3.3.5 Insecticidas e biopesticidas

No total, houve sete tratamentos, incluindo o controlo sem tratamento (Placa 2). Os pormenores dos tratamentos utilizados na experiência são apresentados no Quadro 3.1.

Treatments	Dose	Source of Availability
Metarrhizium anisopliae	3ml per litre (T_1)	S.S. biotech, puranil complex, Second floor, zoo Narengi Triniali, Gwahati-24
Beuveria bassiana	3ml per litre (T_2)	S.S. biotech, puranil complex, Second floor, zoo Narengi Triniali, Gwahati-24
Verticillium lecanii	3ml per litre (T_3)	Green Agri. Biotech
Pestoneem (Azadirachtin 0.15%)	3ml per litre (T_4)	S.S. Biotech, Bye lane no.2, house no. 4, zoo road, Guwahati-781024.
Spinosad 45 SC.	0.6ml per litre (T_5)	Bayer Crop science limited.
Imidacloprid 17.8%SL	25 g *a.i.* per ha (T_6) (0.4ml per litre)	Excel crop care limited.
Untreated control (water spray)	(T_7)	

Quadro 3.1 Pormenores dos tratamentos utilizados na experiência

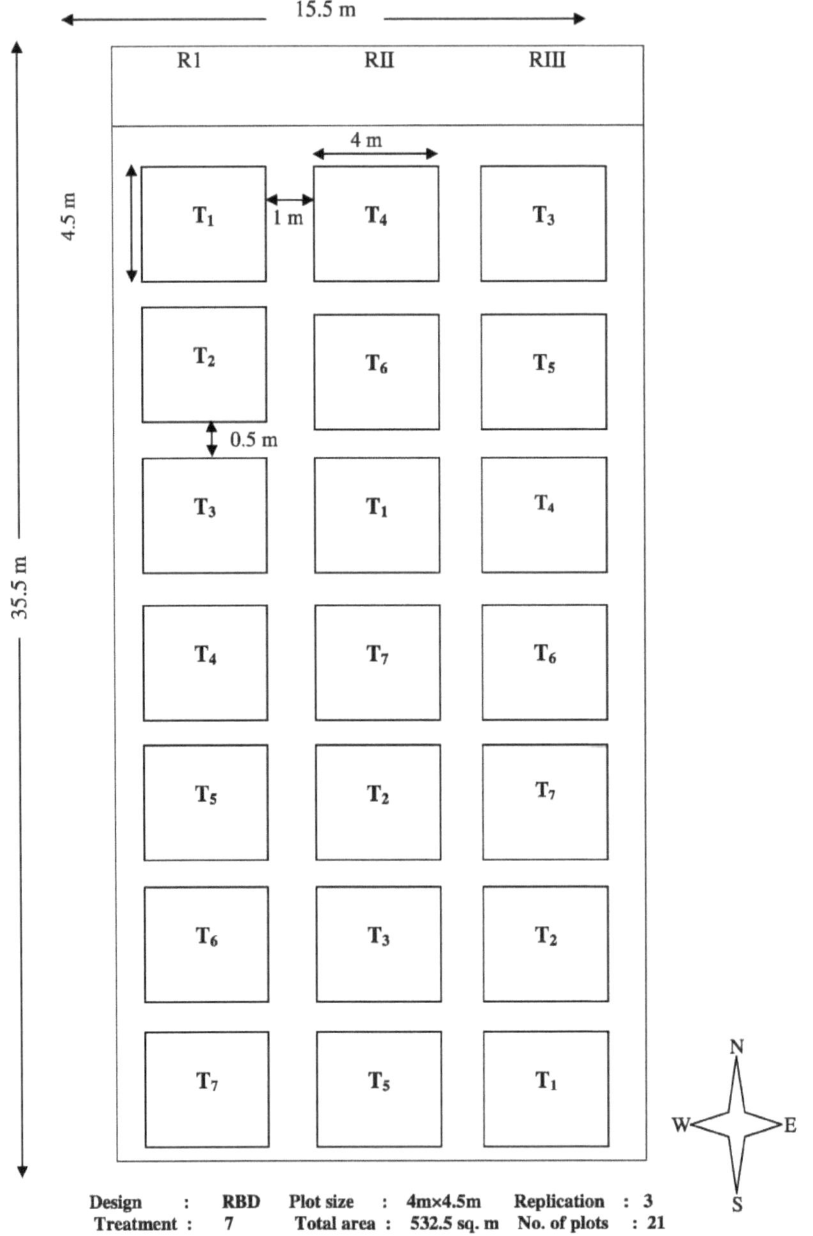

FIG. 1 ESQUEMA DA PARCELA EXPERIMENTAL

3.3.6 Aplicação de insecticidas e biopesticidas

Todas as plantas foram submetidas a duas rodadas de aplicação de inseticida e biopesticida em intervalos de 20 dias na hora da manhã sem contaminar as parcelas adjacentes. A primeira e a segunda pulverização foram efectuadas a 22 nd de janeiro de 2015 e a 7 th de fevereiro de 2015, respetivamente. As parcelas não tratadas foram pulverizadas apenas com água. A pulverização foi efectuada com a ajuda de um pulverizador de dorso e foram tomados todos os cuidados no momento da pulverização, de modo a dar uma cobertura total. O volume total de pulverização utilizado para a experiência foi de 500 litros de água por ha.

3.3.7 Técnica de amostragem

Durante o período de cultivo, foi observado um certo número de espécies de insectos na *Bhut Jolokia*. No caso da contagem pré-tratamento, a população de pragas de insectos associadas à *Bhut Jolokia* foi registada com um intervalo de sete dias a partir de cinco plantas selecionadas aleatoriamente em cada parcela antes da imposição dos tratamentos. As contagens pós-tratamento foram efectuadas a 3, 7 e 10 dias de intervalo para cada tratamento. A população de ninfas e adultos das pragas sugadoras, *nomeadamente* afídeos, tripes, jassídeos e ácaros, foi registada em cinco plantas selecionadas ao acaso em cada parcela, considerando três folhas, ou seja, as folhas superiores, médias e inferiores de cada planta. Além disso, para avaliar a população de ácaros, foram arrancadas três folhas selecionadas aleatoriamente das copas superior, média e inferior de cada planta selecionada, que foram guardadas num saco de polietileno separado, devidamente nivelado, e levadas para o laboratório para observar a população de ácaros ao microscópio binocular estéreo com zoom, com uma ampliação de 4x. O número de ácaros amarelos registados em toda a folha foi somado e convertido em número de ácaros por folha. A população de escaravelhos e de predadores coccinelídeos foi registada através da contagem do seu número em cinco plantas selecionadas aleatoriamente em cada parcela. Os registos da população foram feitos um dia antes da pulverização e 3, 7 e 10 dias após a pulverização (DAS).

Os dados relativos à produção de frutos por parcela foram registados em todas as colheitas escalonadas e foi calculado o rendimento total por hectare em quintais.

3.3.8 Experiências laboratoriais

Os afídeos e os inimigos naturais recolhidos no campo de *Bhut Jolokia* foram levados para o Laboratório de Biocontrolo, Departamento de Entomologia, Universidade Agrícola de Assam, Jorhat. Os inimigos naturais foram mantidos durante um período de fome de 24 horas. Os pulgões acabados de recolher foram então transferidos para placas de Petri. O fundo da placa de Petri foi coberto com papel absorvente. Foram borrifadas algumas gotas de água sobre o papel mata-borrão para manter a humidade. Após o período de inanição, foram introduzidos predadores nas placas de Petri. Folhas tenras e frescas de *Bhut Jolokia* são fornecidas diariamente aos afídeos para alimentação (placa 3).

Para determinar a taxa de predação do predador sobre os afídeos, foram utilizadas cinco placas de Petri. Cada placa de Petri continha cinquenta pulgões e um predador. A taxa de predação de cada predador foi observada em intervalos de 24 horas.

A eficiência predatória foi calculada como:

$$\text{Eficiência predatória } (\%) = \frac{\text{Número de presas consumidas}}{\text{Número de presas oferecidas}} \times 100$$

3.4 Factores meteorológicos e sua associação

Os parâmetros meteorológicos, tais como a temperatura máxima e mínima, a humidade relativa, a precipitação e as horas de sol brilhante que prevaleceram durante todo o período da experiência de campo foram registados no observatório meteorológico da Universidade Agrícola de Assam, Jorhat.

Para estudar a influência dos factores meteorológicos na formação da população, foram realizados estudos de correlação com alguns insectos importantes, ou seja, lagarta, pulgão, tripes, ácaro, jassídeo e besouro da pulga, considerados as principais pragas de *Bhut Jolokia*, e também com predadores coccinelídeos.

3.5 Análise estatística

Os dados experimentais de várias observações foram analisados de acordo com o projeto de blocos aleatórios, tal como descrito por Panse e Sukhatme (1985). As diferenças significativas e não significativas entre as médias dos tratamentos foram verificadas pelo teste de Duncan de intervalo múltiplo (DMRT). A notação alfabética foi usada para denotar diferenças significativas e não significativas entre as médias dos tratamentos.

3.5.1 Estudos de correlação simples

Foi efectuada uma análise de correlação simples entre o número médio da população e as variáveis independentes para descobrir a influência dos parâmetros meteorológicos na extensão da infestação do campo por bicho-da-corte, afídeo, tripes, ácaro, jassídeo e escaravelho, respetivamente. Os coccinelídeos observados durante o período de investigação foram correlacionados com os parâmetros climáticos e também com a população de afídeos.

O coeficiente de correlação foi calculado com a seguinte fórmula.

$$r = \frac{\sum xy - \frac{\sum x . \sum y}{N}}{\sqrt{\left(\sum x^2 - \frac{(\sum x)^2}{N}\right)\left(\sum y^2 - \frac{(\sum y)^2}{N}\right)}}$$

Onde

r = Coeficiente de correlação

N= Número de observações

x= Número de parasitas

y= Variáveis independentes

O coeficiente de correlação foi então testado quanto à sua significância através do teste "t" com a fórmula:

$$t = \frac{r}{\sqrt{(1-r^2)}} \times \sqrt{n-2} \text{ with } (n-2)\,d.f.$$

3.5.2 Análise de regressão simples

A linha de regressão simples foi ajustada para conhecer o impacto das variáveis independentes na variável dependente

A linha de regressão foi dada pela equação:

$$Y = a + bx$$

Onde

Y= Variável dependente

x= Variável independente

a= Interceção

3.6 Rácio custo-benefício (RBC)

A relação custo-benefício foi calculada deduzindo o valor do rendimento do controlo e dividindo-o pelo custo total das despesas de controlo, como se mostra a seguir.

O rácio custo-benefício (RBC) foi calculado do seguinte modo

$$CBR = \frac{\text{Rendimento no tratamento (Rs/ha)}}{\text{Rendimento no controlo (Rs/ha) + Custo do tratamento e da mão de obra (Rs/ha)}}$$

Placa 1. Vista geral do campo de *Bhut Jolokia*

Placa 2. Vários tratamentos utilizados na experiência

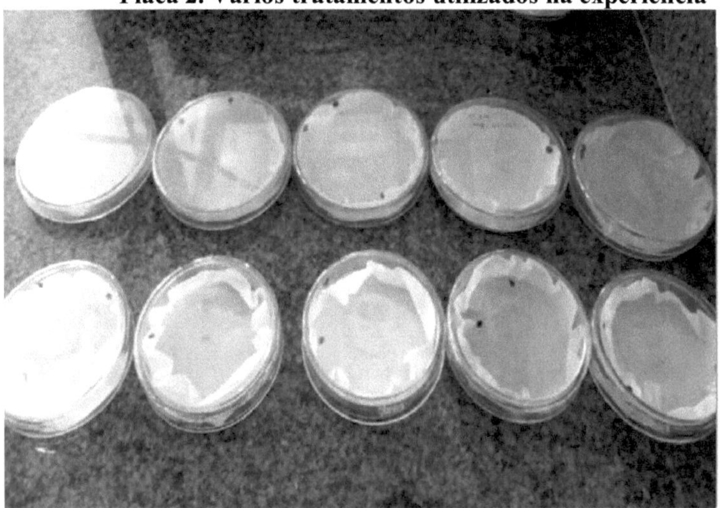

a. Deixar os predadores à fome durante 24 horas

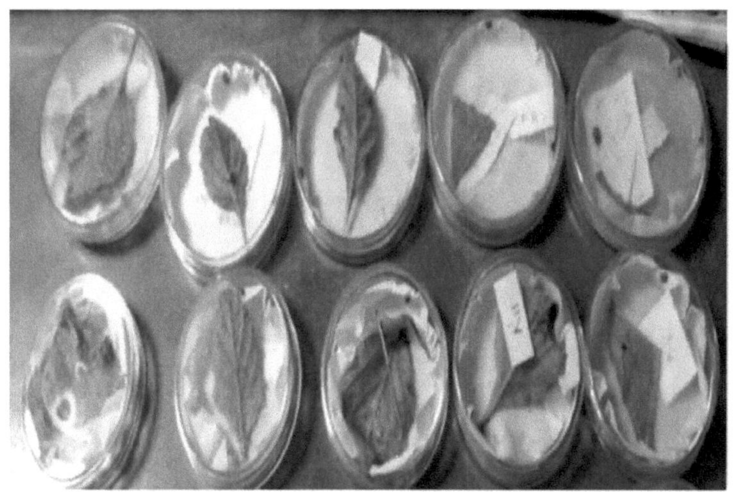

b. Alimentação dos afídeos por predadores

Placa 3. Estudo da taxa de predação dos predadores coccinelídeos em condições laboratoriais

CAPÍTULO 4

RESULTADOS EXPERIMENTAIS

Os resultados experimentais da presente investigação sobre a incidência e a gestão de pragas de insectos de *Bhut Jolokia, Capsicum chinense* Jacq. juntamente com a relação custo-benefício observada no terreno durante 2014 e 2014-15 na Quinta Experimental, Departamento de Horticultura, Universidade Agrícola de Assam, Jorhat, foram tratados separadamente em títulos distintos.

2.1 Incidência sazonal do complexo de pragas e inimigos naturais de *Bhut Jolokia* durante 2014 e 2014-15

Durante o período de investigação, foi observado um número considerável de pragas de insectos e inimigos naturais em *Bhut Jolokia.* De entre as diferentes pragas de insectos, *o bicho-da-cana, Agrotis ipsilon* Hufnagel, o pulgão, *Aphis gossypii* Glover, o tripes, *Schirtothrips dorsalis* Hood, e o ácaro, *Polyphagotarsonemus latus* Banks, foram classificados como pragas "principais", enquanto o jassídeo, *Amrasca bigutulla bigutulla* Ishida e o escaravelho da pulga, *Monolepta signata* Oliveir, apareceram em menor número e foram designados como pragas "menores". Vários insectos pragas e predadores registados em *Bhut Jolokia* são descritos abaixo (Quadros 4. e 4.2).

2.1.1 Descrição de várias pragas de insectos observadas em *Bhut Jolokia* durante o período de estudo

Bicho-pau, *A. ipsilon* (Lepidoptera: Noctuidae)

A incidência da praga foi observada logo após o transplante de *Bhut Jolokia*, que apareceu durante a noite e cortou as mudas ao nível do solo e comeu as folhas tenras. A lagarta escura com corpo gorduroso era responsável pelos danos. O seu hábito é noturno. Durante o dia, esconde-se debaixo do solo (placa 4).

Common name	Scientific name	Order: Family	Feeding site	Status
Cutworm	*Agrotis ipsilon* Hufnagel	Lepidoptera: Noctuidae	Leaf and stem	Major
Aphid	*Aphis gossypii* Glover	Homoptera: Aphididae	Leaf	Major
Thrips	*Scirtothrips dorsalis* Hood	Thysanoptera : Thripidae	Leaf and flower	Major
Mite	*Polyphagotarsonemus latus* Banks	Trombidiformis: Tarsonemidae	Leaf	Major
Jassid	*Amrasca biguttula biguttula* Ishida	Homoptera: Cicadellidae	Leaf	Minor
Flea beetle	*Monolepta signata* Oliveir	Coleoptera: Chrysomelidae	Leaf	Minor

Table 4.1   Complexo de pragas de insectos associado à cultura de *Bhut Jolokia* (var. local) durante 2014 e 2014-15

Species	Order	Family	Prey	Prey stage
Coccinella transversalis F.	Coleoptera	Coccinellidae	*Aphis gosypii*	Nymph and adult
Brumoides suturalis (F.)	Coleoptera	Coccinellidae	*A. gosypii*	Nymph
Micrspis discolor (F.)	Coleoptera	Coccinellidae	*A. gosypii*	Nymph
Coccinella septempunctata L.	Coleoptera	Coccinellidae	*A. gosypii*	Nymph
Cheilomenes sexmaculata F.	Coleoptera	Coccinellidae	*A. gosypii*	Nymph

Table 4.2   Lista de inimigos naturais (predadores) de insectos pragas de *Bhut Jolokia* em 2014 e 2014-15

Pulgão, *A. gossypti* (Homoptera: Aphididae)

Tanto as formas ápteras como as aladas foram observadas durante toda a época de cultivo. Sugam a seiva celular das folhas e dos ramos tenros e estão presentes na superfície inferior das folhas (placa 5). Tanto as ninfas como os adultos são de cor verde-clara a verde-escura, com um par de cornicelas na parte posterior do abdómen. Secretam melada que atrai as formigas e desenvolve bolor de rebentos, tornando as folhas negras.

Tripes, *S. dorsalis* (Hemiptera: Thripidae)

Os tripes são insectos muito pequenos (1-2 mm). Podem ser distinguidos de outras ordens de insectos pelas suas asas com franjas. O inseto causa danos ao extrair o conteúdo de células epidérmicas individuais através da perfuração de peças bucais sugadoras, o que leva à necrose do tecido. Isto alterou a cor do tecido de prateado para castanho ou preto, criando assim danos através de cicatrizes de alimentação que resultaram em distorções das folhas e descoloração de botões, flores e frutos jovens. As folhas tenras e os botões pareciam frágeis devido à infestação severa feita pelo tripes da malagueta, que resultou na desfoliação completa e na perda total da cultura. Foi observada ao longo de todo o ano, com uma população flutuante em intervalos de tempo.

Ácaro, *P. lotus* (Trombidiformis: Tarsonmidae)

A atividade desta praga foi observada durante a fase vegetativa do crescimento da cultura. Verificou-se que tanto as ninfas como os adultos sugavam a seiva celular da folhagem jovem e das pontas de crescimento, o que resultava no enrolamento e enrugamento das folhas para baixo, no crescimento atrofiado e na formação de cicatrizes nos frutos. Mas durante as fases posteriores do crescimento da cultura, a população da praga diminuiu gradualmente devido à maturidade da cultura (placa 6).

Jassid, *A. bigutulla bigutulla* (Homoptera: Cicadellidae)

Tanto os adultos como as fases imaturas do inseto foram facilmente observados na superfície inferior das folhas. A ninfa é esbranquiçada, verde-pálida, sem asas e move-se de forma particular na diagonal. Os adultos têm a forma de uma cunha, com cerca de 3 mm de comprimento, de cor verde pálido com um ponto preto na extremidade posterior de cada asa anterior. Sugam a seiva celular da superfície ventral das folhas. Embora estejam presentes durante todo o ano, são mais activos na fase vegetativa (placa 7).

Escaravelho da pulga, *M. signata* (Coleoptera: Chrysomelidae)

A atividade da praga foi observada durante toda a época de cultivo, com uma população flutuante em diferentes intervalos de tempo. Causam danos fazendo pequenos buracos circulares nas folhas e também nas flores. Os adultos são de cor preta avermelhada com duas manchas esbranquiçadas em cada élitro. A cabeça e o tórax são de cor castanha brilhante e as antenas são longas. A alimentação máxima ocorreu exclusivamente à luz do dia e não foi observada nenhuma alimentação durante os dias de chuva. A população diminuiu gradualmente nas últimas fases de crescimento da cultura (placa 8).

2.1.2 Descrição dos vários inimigos naturais observados durante o período de estudo

Durante a presente investigação, foram observadas, no total, cinco espécies de predadores coccinelídeos: *Micrspis discolor* (F.), *Coccinella septempunctata* L., *Brumoides suturalis* (F.), *Coccinella transversalis* F. e *Cheilomenes sexmaculata* F.. Destas, *C. tranversalis*

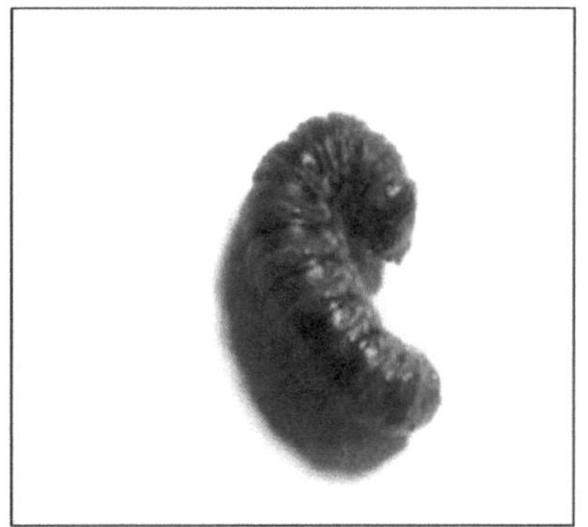

a. Larva

b. Sintoma de dano

Placa 4. Larva de A. *ipsilon* juntamente com o sintoma de dano

a. Forma Apterus
b. Forma de alato

c. Enrugamento das folhas pelo pulgão

Placa 5. *A. gossypii*

Placa 6. Planta fortemente infestada por *P. latus*

48

Placa 7. Adulto de *A. bigutulla bigutulla*
Placa 8. Adulto de *M. signata* com sintoma de dano

e M. discolor foi encontrado durante toda a época da experiência, atacando ninfas e adultos de *A. gossypii.*

M. discolor (Coleoptera: Coccinellidae)

O escaravelho é também conhecido como joaninha vermelha do arroz. O corpo é oval, convexo, com élitros vermelhos ou cor de laranja brilhantes. Alimentam-se de uma grande variedade de insectos de corpo mole, tais como cigarrinhas, cigarrinhas-das-plantas, cochonilhas e afídeos. Na presente observação, verificou-se que estavam activos durante toda a estação e que se alimentavam de A. *gossypii* (placa 9).

C. septempunctata (Coleoptera: Coccinellidae)

É vulgarmente conhecido como besouro joaninha de sete pintas. Os élitros do inseto são de cor vermelha, mas pontuados por três manchas pretas cada um, com mais uma mancha espalhada na junção dos dois, perfazendo um total de sete manchas. Tanto o adulto como a larva eram predadores vorazes dos afídeos que infestavam *a Bhut Jolokia.* Mas a ocorrência deste predador foi muito rara na cultura de *Bhut Jolokia* (placa 10).

B. suturalis (Coleoptera: Coccinellidae)

O corpo do escaravelho é oval com a cabeça cor de laranja. Os élitros são brancos a amarelo-creme com três riscas pretas. É predador de afídeos e moscas brancas e encontra-se ativo nas fases iniciais e finais do crescimento das culturas (placa 11).

C. transversalis (Coleoptera: Coccinellidae)

Conhecido vulgarmente como joaninha transversal. O adulto é oval e convexo. A cabeça é preta com um par de manchas frontais subtriangulares amarelo-creme, uma de cada lado das margens internas dos olhos. Os élitros são vermelho carmim brilhante, laranja ou amarelo. Verificou-se que estavam activos durante todo o ano da experiência e que se alimentavam de A. *gossypii* (placa 12).

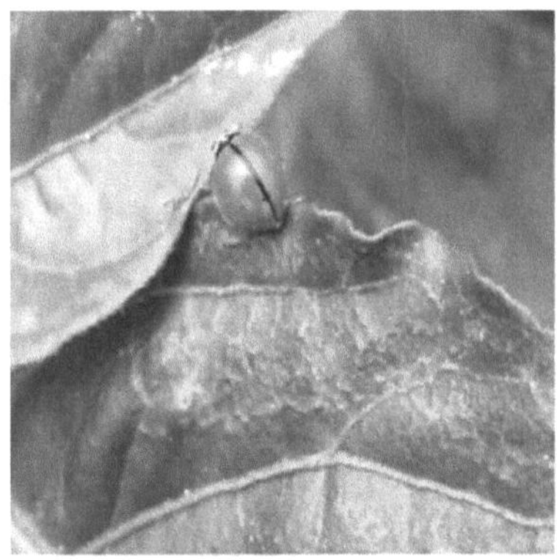

Placa 9. Adulto de *M. discolor*
Placa 10. Adulto de *C. septumpunctata*

a. Larvas
b. Adultos

Placa 11. *B. suturalis*

a. Larvas

b. Adultos
Placa 12. *C. transversalis*

C. sexmaculata (Coleoptera: Coccinellidae)

Este escaravelho é vulgarmente conhecido como escaravelho ziguezague de seis pintas. O contorno do corpo deste escaravelho é amplamente oval a subarredondado, convexo e brilhante, de cor laranja, vermelho claro ou amarelo. Os élitros têm seis maculados pretos, incluindo duas linhas em ziguezague e manchas pretas posteriores. São afidófagas, alimentam-se também de moscas brancas, cochonilhas, insectos das plantas e larvas de lepidópteros nos primeiros instares. Verificou-se que estão activos quase todo o ano, alimentando-se de *A. gossypii* associada às folhas de *Bhut Jolokia* (placa 13).

4.2 Influência dos parâmetros meteorológicos na constituição da população de alguns insectos pragas e predadores importantes de *Bhut Jolokia* e seus estudos de correlação simples durante 2014

Durante o período de inquérito, observou-se que algumas pragas importantes permaneceram activas durante um período considerável e que algumas pragas foram detectadas durante toda a época de cultivo da *Bhut Jolokia*. A incidência de infestação de frutos por brocas e doenças virais foi insignificante nas primeiras fases de crescimento da cultura. Por conseguinte, a incidência sazonal da broca da fruta e das doenças virais não é descrita. Das sete pragas de insectos diferentes, a lagarta *(A. ipsilori),* o afídeo *(A. gossypii),* o tripes *(S. dorsalis) e* o ácaro *(P. latus)* foram registados como as principais pragas, enquanto o jassídeo *(A. biguttula biguttula)* e o escaravelho *(M. signata)* foram registados como pragas menores. Os predadores coccinelídeos também foram encontrados em números consideráveis. Por conseguinte, a incidência de importantes pragas de insectos, predadores e a influência dos parâmetros meteorológicos contra eles são apresentados no quadro 4.3.

A correlação simples e a equação de regressão dos predadores de lagartas, pulgões, tripes, ácaros, jassídeos, escaravelhos e coccinelídeos com a temperatura máxima e mínima, a humidade relativa média, a precipitação e as horas de sol brilhante são apresentadas no Quadro 4.4

4.2.1 Bicho-da-corte (A. ipsilon*)*

A incidência do bicho-da-farinha foi observada em culturas recém-transplantadas a partir da segunda semana de fevereiro. O período de pico de atividade foi observado durante a quarta semana de fevereiro, com uma população média de 0,6 bicho-da-farinha por planta. A população mínima (0,2 bicho-da-farinha por planta) foi registada durante a segunda semana de março. A partir daí, a população diminuiu de forma constante e não se registou qualquer incidência nas últimas fases de crescimento da cultura. A temperatura máxima e mínima, a humidade relativa média, a precipitação total e as horas de sol brilhante durante o período de atividade máxima do bicho-da-farinha foram 26,9°C, 14,7°C, 75,5 por cento 0 mm e 4,5, respetivamente.

Os dados indicaram que, entre os diferentes parâmetros meteorológicos que afectam a população do inseto, a temperatura máxima e mínima mostraram uma correlação negativa e significativa (r =-0,708) e (r =-0,719) com a população de bicho-da-farinha. Foi também observada uma correlação negativa, mas não significativa, com a humidade média (r =-0,120) e a precipitação total (r =-0,438). No entanto, as horas de sol brilhante mostraram uma correlação positiva (r = 0,235) com a população de pragas.

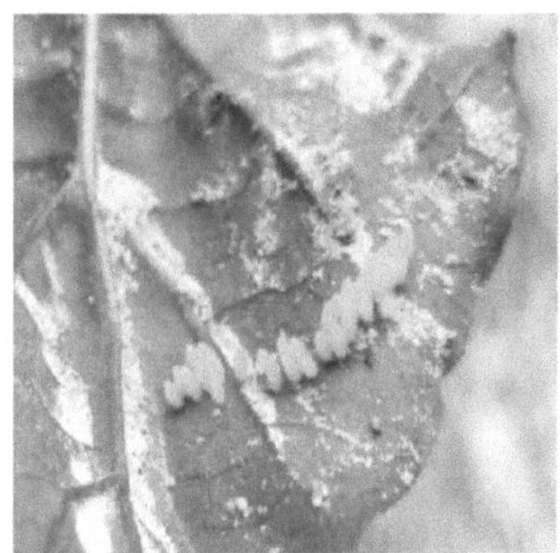 

a. Ovo
b. Grub

c. Adulto

Placa 13. C. *sexmaculata*

Date of observations	Temperature (°C)		Average RH (%)	Total Rainfall (mm)	BSSH	No. of cutworm /plant	No. of aphid/ leaf (nymph & adult)	No. of thrips / leaf (nymph & adult)	No. of mite/leaf (nymph & adult)	No. of jassid /leaf (nymph & adult)	No. of flea beetle/ plant	No. of coccinellid/ plant
	Max.	Min.										
8-14 Feb.	21.8	13.1	81	36.1	3.7	0.2	0	0	0	0	0	0
15-21 Feb.	26.3	12.2	72	0	7.5	0.4	0	0	0	0	0	0
22-28 Feb.	26.9	14.7	75.5	0	4.5	0.6	0.6	0.4	0.8	0	0.2	0.2
1-7 Mar.	28	13.3	70	0	6.2	0.2	2.2	0.6	6.4	0.2	0.4	0.8
8-14 Mar.	30.1	15.6	66.5	0	6.1	0.2	4.6	1.0	20.0	0.6	0.8	1.2
15-21 Mar.	28.9	16.6	69	11.5	5.2	0	6.8	0.8	18.2	1.0	1.0	1.86
22-28 Mar.	28	19.4	79	55.7	4.1	0	2.6	0.4	4.4	0.2	0.2	0.8
29-4 Apr.	30.3	17.9	67	1.5	6.2	0	4.6	1.4	12.8	1.2	0.8	1.6
5-11 Apr.	30.7	19.1	69.5	19.5	6.1	0	4.0	0.6	10.2	0.8	0.6	1.2
12-18 Apr.	32.5	20.3	69.5	1.7	5.9	0	5.8	0.8	20.0	1.6	1.2	1.4
19-25 Apr.	34.1	20.5	67.5	8.3	6	0	5.0	1.0	28.0	1.0	1.4	1.33
26-2 May	29.1	19.7	82	45.7	3.1	0	1.47	0.2	4.6	0.4	0.4	0.8
3-9 May.	27.3	20.9	90	85.3	3.7	0	0.4	0	0.4	0.2	0.2	0.2
10-16 May	30.6	22.4	80	17.4	4.8	0	3.6	0.6	0	0.4	0.4	1.0
17-23 May	31.7	23.2	82	54.5	3.4	0	0.6	0.8	0.2	0.2	0	0.4
24-30 May.	33.4	24.5	78	48.6	4.5	0	1.2	0.2	0.2	0	0	0.4

Quadro 4.3 Acúmulo populacional de insetos-praga e predadores de *Bhut Jolokia* em relação aos parâmetros meteorológicos durante 2014

4.2.2 Pulgão *(A. gossypii)*

A incidência de pulgões foi observada a partir da quarta semana de fevereiro e a população atingiu o seu pico durante a terceira semana de março, com uma população média de 6,8 pulgões por folha. A população mínima (0,4 pulgões por planta) foi observada durante a primeira semana de maio. A partir de abril, observou-se uma tendência decrescente na população de pulgões. Observou-se que a atividade da praga flutuava em vários intervalos de tempo. A temperatura máxima e mínima, a humidade relativa média, a precipitação total e as horas de sol brilhante durante o período de máxima atividade dos insectos foram de 28,9°C, 16,6°C, 69 por cento, 11,5 mm e 5,2, respetivamente.

Entre os diferentes parâmetros meteorológicos que afectam a população de afídeos, a temperatura máxima foi o fator mais dominante que mostrou uma correlação positiva e significativa (r = 0,526) com a população de insectos.

Foi observada uma correlação significativa mas negativa (r =-0,696) com a humidade relativa. No entanto, foi também registada uma correlação positiva da população de afídeos com a temperatura mínima (r =0,130) e com as horas de sol brilhante (r =0,431), respetivamente. Foi também observada uma correlação negativa (r =-0,487) com a precipitação total.

4.2.3 Tripes *(S. dorsalis)*

Os tripes apareceram na *Bhut Jolokia* a partir da quarta semana de fevereiro, com uma população média de 0,4 por folha. A população média máxima (1,4 tripes por folha) foi registada durante a primeira semana de abril.

A população mais baixa (0,2 tripes por folha) foi observada entre a última semana de abril e a primeira semana de maio. No entanto, observou-se que a atividade da praga flutuou em vários intervalos de tempo e não foram observados tripes durante a primeira semana de maio.

Durante o período de pico de atividade, a temperatura máxima e mínima, a humidade relativa média, a precipitação total e as horas de sol brilhante foram de 30,3°C, 17,9°C, 67 por cento, 1,5 mm e 6,2, respetivamente.

Os dados indicaram que, entre os diferentes parâmetros meteorológicos que afectam as populações de insectos, a temperatura máxima apresentou uma correlação positiva e significativa (r = 0,575) com a população de insectos. Foi observada uma correlação significativa, mas negativa, com a humidade relativa (r =-0,686) e a precipitação total (r =-0,514), respetivamente.

No entanto, foi também registada uma correlação positiva, mas não significativa, da população de tripes com a temperatura mínima (r = 0,140) e as horas de sol brilhante (r = 0,390), respetivamente.

4.2.4 Ácaro (7*. *latus)*

O ácaro amarelo foi observado a partir da quarta semana de fevereiro e o número médio de ácaros foi de 0,8 por folha. A população de ácaros aumentou gradualmente e a população média mais elevada da praga (28,0 ácaros por folha) foi registada durante a quarta semana de abril.

Verificou-se que a população diminuiu nas fases posteriores do crescimento da cultura, quando esta estava a atingir a maturidade, e não se registaram ácaros na segunda semana de maio.

O número mínimo de população média de 0,2 ácaros por folha foi registado a partir da terceira semana de maio. Durante o período de pico de atividade, a temperatura máxima e mínima, a humidade relativa média, a precipitação total e as horas de sol brilhante foram de 34,1°C, 20,5°C, 67,5 por cento, 8,3mm e 6,0, respetivamente.

Insect pests and predators	Temperature (°C)		Average Relative humidity (%)	Total rainfall (mm)	BSSH (hr.)
	Maximum	Minimum			
Cutworm per plant	-0.708**	-0.719**	-0.120^{NS}	-0.438^{NS}	0.235^{NS}
	Y= 1.01-0.031x	Y= 0.728-0.034x			
Aphid per leaf	0.526*	0.130^{NS}	-0.696**	-0.487^{NS}	0.431^{NS}
	Y=0.383x-8.535		Y=19.31-0.221x		
Thrips per leaf	0.575*	0.140^{NS}	-0.686**	-0.514*	0.390^{NS}
	Y=0.077x-1.720		Y= 3.565-0.040x	Y= 0.740-0.007x	
Mite per leaf	0.500*	-0.010^{NS}	-0.746**	-0.499*	0.479^{NS}
	Y= 1.508x-36.4		Y= 81.52-0.983x	Y=12.03-0.172x	
Jassid per leaf	0.524*	0.175^{NS}	-0.610*	-0.423^{NS}	0.400^{NS}
	Y= 0.085x-2.009		Y=3.727-0.043x		
Flea beetle per plant	0.525*	0.068^{NS}	-0.683**	-0.510*	0.444^{NS}
	Y= 0.077x-1.793		Y= 3.768-0.044x	Y= 0.682-0.008x	
Coccinellid predators per plant	0.540*	0.167^{NS}	-0.661**	-0.432^{NS}	0.362^{NS}
	Y= 0.103x − 2.20		Y= 4.951-0.055x		

Quadro 4.4 Coeficiente de correlação (r) e equação de regressão de vários insectos pragas e predadores *de Bhut Jolokia* com parâmetros meteorológicos durante 2014
NS: Não significativo, *: Significativo ao nível de 5% de probabilidade, **: Significativo ao nível de 1% de probabilidade

Os estudos de correlação dos ácaros com diferentes parâmetros meteorológicos indicaram um impacto positivo significativo com a temperatura máxima (r =0,500) e uma correlação negativa significativa com a humidade relativa (r =-0,746) e a precipitação total (r =-0,499), respetivamente. No entanto, as horas de sol brilhante (r = 0,479) apresentaram uma correlação positiva não significativa com a população de insectos. Também foi observada uma correlação negativa não significativa da população de ácaros com a temperatura mínima (r =-0,010).

4.2.5 Jassid *(A. bigutulla bigutulld)*

A atividade dos jassídeos foi registada a partir da primeira semana de março. A população aumentou gradualmente e atingiu o seu pico na terceira semana de abril, com uma média de 1,6 por folha. Depois disso, a população diminuiu nas últimas fases de crescimento da cultura. Durante o período de pico de atividade, a temperatura máxima e mínima, a humidade relativa média, a precipitação total e as horas de sol brilhante foram de 32,5°C, 20,3°C, 69,5 por cento, 1,7 mm e 5,9, respetivamente.

Entre os diferentes parâmetros meteorológicos, foi registada uma correlação positiva significativa da população de jassídeos com a temperatura máxima (r =0,524) e uma correlação negativa significativa com a humidade relativa (r =-0,610). No entanto, a temperatura mínima (r = 0,175) e as horas de sol brilhante (r = 0,400) apresentaram uma correlação positiva não significativa com a população. Foi também observada uma correlação negativa não significativa da população de jassídeos com a precipitação total (r =-0,423).

4.2.6 Escaravelho das pulgas *(M. signata)*

A atividade do escaravelho da pulga foi observada a partir da quarta semana de fevereiro e a maior foi registada durante a quarta semana de abril, com uma população média de 1,4 escaravelho da pulga por planta. Posteriormente, notou-se uma tendência decrescente na população do escaravelho e não se observou qualquer escaravelho a partir da terceira semana de maio. Durante o período de pico de atividade, a temperatura máxima e mínima, a humidade relativa média, a precipitação total e as horas de sol brilhante foram de 34,1°C, 20,5°C, 67,5 por cento, 8,3 mm e 6,0, respetivamente.

Os estudos de correlação dos insectos com diferentes parâmetros meteorológicos indicaram uma correlação positiva significativa com a temperatura máxima (r = 0,525) e uma correlação negativa significativa com a humidade relativa (r =-0,683) e a precipitação total (r =-0,510), respetivamente. No entanto, a temperatura mínima (r = 0,068) e as horas de sol brilhante (r = 0,444) apresentaram uma correlação positiva não significativa com a população de escaravelhos.

4.2.7 Predadores coccinelídeos

Os predadores de coccinelídeos foram observados no campo a partir da quarta semana de fevereiro e atingiram o pico durante a terceira semana de março, com uma média de 1,86 predadores por planta. Durante o período de pico de atividade, a temperatura máxima e mínima, a humidade relativa média, a precipitação total e as horas de sol brilhante foram de 28,9°C, 16,6°C, 69 por cento, 11,5 mm e 5,2, respetivamente.

Os estudos de correlação dos predadores coccinelídeos mostraram uma correlação positiva significativa com a temperatura máxima (r =0,540), enquanto a humidade relativa média (r =-0,661) mostrou uma correlação negativa significativa com a população de predadores. No entanto, a temperatura mínima (r =0,167), as horas de sol brilhante (r =0,362) e a precipitação total (r =-0,432) não exerceram qualquer efeito significativo na constituição da população de predadores coccinelídeos.

4.3 Influência dos parâmetros meteorológicos na formação da população de alguns insectos pragas e predadores importantes de *Bhut Jolokia* e seus estudos de correlação simples durante 2014-15

Na segunda época da experiência, foi observada uma tendência semelhante de infestação de lagarta *(A. ipsilon)*, pulgão *(A. gossypii)*, tripes *(S. dorsalis)*, ácaro *(P. latus)*, jassídeo (A. *biguttula biguttula)* e escaravelho *(M. signata)*. Os predadores coccinelídeos também estavam presentes em números consideráveis. Assim, a incidência sazonal destes insectos e o impacto dos factores meteorológicos na formação da população foram calculados e apresentados no quadro 4.5.

A correlação simples e a equação de regressão com a temperatura máxima e mínima, a humidade relativa média, a precipitação e as horas de sol brilhante são apresentadas na Tabela 4.6.

4.3.1 Bicho-da-corte (A. ipsilon*)*

A incidência do bicho-da-farinha foi observada na cultura recém-transplantada a partir da quarta semana de dezembro. No entanto, o período de pico de atividade foi registado durante a terceira semana de janeiro, com uma população média de 0,6 vermes por planta. Depois disso, a população diminuiu abruptamente. Não se registou mais nenhuma incidência de bicho-da-farinha durante as últimas fases de crescimento da cultura.

A temperatura máxima e mínima, a humidade relativa média, a precipitação total e as horas de sol brilhante durante o período de atividade máxima foram de 25,7° C, 8,8°C, 74 por cento 0 mm e 8,1, respetivamente. Os dados indicaram que, entre os diferentes parâmetros meteorológicos que afectam a população do inseto, a temperatura máxima e mínima apresentaram uma correlação negativa significativa (r=-0,502), (r =-0,616) com a população do inseto. Foi também observada uma correlação negativa, mas não significativa, com a humidade relativa média (r =-0,306) e a precipitação total (r =- 0,295). Foi observada uma correlação positiva com as horas de sol brilhante (r =0,239).

4.3.2 Pulgão (A. *gossypii*)

A incidência de pulgões foi observada a partir da segunda semana de janeiro. A população de pulgões atingiu o seu pico durante a segunda semana de março, com uma população média de 7,2 pulgões por folha. Depois disso, observou-se que a atividade da praga flutuou em vários intervalos de tempo. A temperatura máxima e mínima, a humidade relativa média, a precipitação total e as horas de sol brilhante durante o período de atividade máxima foram de 30,5°C, 15,9°C, 71 por cento, 0 mm e 5,7, respetivamente.

Os diferentes parâmetros meteorológicos que afectam a população de afídeos, a temperatura máxima desempenhou um papel importante, apresentando uma correlação positiva e significativa (r = 0,511) com a população de afídeos. Mas observou-se uma correlação negativa com a humidade relativa (r =-0,082) e a precipitação total (r =-0,345), respetivamente. No entanto, foi também registada uma correlação positiva da população de afídeos com a temperatura mínima (r =0,141) e as horas de sol brilhante (r =0,009), respetivamente.

Date of observations	Temperature (°C)		Average RH (%)	Rainfall (mm)	BSSH	No. of cutworm/plant	No. of aphid/leaf (nymph & adult)	No. of thrips /leaf (nymph & adult)	No. of mite/leaf (nymph & adult)	No. of jassid /leaf (nymph & adult)	No. of flea beetle/plant	No. of coccinellid/plant
	Max.	Min.										
18-24 Dec.	24.1	9.1	76	0	6.6	0	0	0	0	0	0	0
25-31Dec.	25.2	8.3	48.5	0	8.6	0.2	0	0	0	0	0	0
1-7Jan.	24	13.8	78.5	3.9	4.2	0.2	0	0	0	0	0	0
8-14Jan.	23.9	9.4	79	0	6.5	0.4	0.4	0	0	0	0	0
15-21Jan.	25.7	8.8	74	0	8.1	0.6	1.2	0	0	0	0	0.2
22-28Jan.	26.1	10.2	72.5	0	0.9	0.4	1.6	0	0.4	0	0.13	0.4
29-4Feb.	25.5	9.8	46.5	0	1.7	0.2	2.4	0.11	0.6	0	0.2	0.53
5-11Feb.	25.8	11.2	74	0	3.4	0	3.6	0.2	4.4	0.2	0.4	0.6
12-18Feb.	25.01	11.4	78.5	13.4	5	0	3.2	0.26	2.6	0.4	0.2	0.4
19-25Feb.	27.1	15.2	77	8	5.7	0	4.0	0.4	6.0	0.6	0.8	0.8
26- 4Mar.	28.8	17.5	74	4.8	3.1	0	5.2	0.46	12.8	0.66	0.6	1.2
5-11Mar.	28.3	13.7	76	0	6.8	0	6.0	0.73	16.66	0.8	0.8	1.6
12-18Mar.	30.5	15.9	71	0	5.7	0	7.2	1.2	22.8	1.2	1.4	1.8
19-25Mar.	30.8	15.4	67	2.9	5.8	0	6.2	1.53	26.6	1.0	0.8	1.6
26-1Apr.	28.9	18.8	80.5	39.6	1.8	0	4.4	0.8	6.4	0.4	0.4	1.0
2-8 Apr.	25	17.8	87	81.6	3.6	0	1.2	0	1.2	0	0	0.6
9-15Apr.	28.1	18.4	78	2148.8	4.5	0	3.4	0.4	6.0	0.2	0.4	0.8
16-22Apr.	29	19.9	85.5	2.4	0.4	0	0	0	0	0.13		
23-29 Apr.	27.4	19.8	83	7.5	4.6	0	2.6	0.2	0	0	0.2	0.4
30-6 May	30	21	81.5	3.9	4.2	0	3.66	0.8	0.6	0.2	0.4	0.6
7-13 May	31.1	21.8	83	55.9100.8	3.2	0	1.8	0.4	2.4	0.33	0.2	0.2
14-20 May	29.8	23.3	83.5	4.1	0	0.6	0.2	0.4	0.2	0	0.2	
21-27May	30.6	23.3	85	31.1	1.4	0	1.4	0	2.8	0	0.2	0.4

Quadro 4.5 Acúmulo populacional de insetos-praga e predadores de *Bhut Jolokia* em relação a parâmetros meteorológicos durante 2014-15

4.3.3 Tripes *(S. dorsalis)*

Os tripes foram observados desde a última semana de janeiro até à primeira semana de fevereiro, com uma população média de 0,11 tripes por folha. A população média de 1,53 tripes por folha, ou seja, o pico de população, foi registado durante a terceira semana de março. No entanto, observou-se uma flutuação da atividade da praga em vários intervalos de tempo e não se observou qualquer tripes durante a primeira semana de maio. Durante o período de pico de atividade, a temperatura máxima e mínima, a humidade relativa média, a precipitação total e as horas de sol brilhante foram 30,8°C, 15,4°C, 67 por cento, 2,9mm e 5,8, respetivamente.

Os dados indicaram que, entre os diferentes parâmetros meteorológicos que afectam a população dos insectos, a temperatura máxima foi o fator mais dominante, apresentando uma correlação positiva e significativa (r = 0,640) com a população de tripes.

Foi observada uma correlação negativa com a humidade relativa (r =-0,063) e a precipitação total (r =-0,208), respetivamente. No entanto, foi também registada uma correlação positiva da população de tripes com a temperatura mínima (r =0,247) e as horas de sol brilhante (r =0,108), respetivamente.

4.3.4 Ácaro (P. *latus*)

Os ácaros foram observados a partir da quarta semana de janeiro. O número médio de ácaros registado em janeiro foi de 0,4 por folha, tendo aumentado de forma constante. A população mais elevada foi registada durante a terceira semana de março, com uma população média de 26,6 ácaros por folha. A população diminuiu nas fases posteriores do crescimento da cultura, quando esta se aproximava da maturidade, e não se registaram ácaros na terceira e quarta semanas de abril. Durante o período de pico de atividade, a temperatura máxima e mínima, a humidade relativa média, a precipitação total e as horas de sol brilhante foram de 30,8°C, 15,4°C, 67 por cento, 2,9 mm e 5,8, respetivamente.

Os estudos de correlação dos insectos com diferentes parâmetros meteorológicos indicaram que foi observada uma correlação positiva significativa com a temperatura máxima (r =0,510). Foi observada uma correlação negativa e não significativa com a humidade relativa (r =-0,148) e a precipitação total (r =-0,248), respetivamente. No entanto, foi também registada uma correlação positiva com a temperatura mínima (r =0,075) e a hora de sol brilhante (r =0,175), respetivamente.

4.3.5 Jassid (A. *bigutulla bigutulla*)

A atividade dos jassídeos foi notada a partir da primeira semana de fevereiro. A população aumentou gradualmente e atingiu o seu pico durante a segunda semana de março, com uma população média de 1,2 jassídeos por folha. Depois disso, a população diminuiu gradualmente nas últimas fases de crescimento da cultura.

Durante o período de pico de atividade, a temperatura máxima e mínima, a humidade relativa média, a precipitação total e as horas de sol brilhante foram de 30,5°C, 15,9°C, 71 por cento, 0 mm e 5,7, respetivamente.

Os dados indicaram que foi observada uma correlação positiva significativa da população de jassídeos com a temperatura máxima (r = 0,536). No entanto, a temperatura mínima (r =0,128) e as horas de sol brilhante (r =0,191) mostraram uma correlação positiva não significativa com a população, enquanto também se observou uma correlação negativa não significativa da população de jassídeos com a humidade relativa (r =-0,072) e a precipitação total (r =-0,207), respetivamente.

Insect Pests	Temperature (^{O}C)		Average Relative humidit y (%)	Total rainfal l (mm)	BSSH (hr)
	Maximum	Minimu m			
Cutworm per plant	-0.502*	-0.616**	-0.306^{NS}	- 0.295^{NS}	0.239^{NS}
	y=1.051-0.035x	y=0.410-0.021x			
Aphid per leaf	0.511*	0.141^{NS}	-0.082^{NS}	- 0.345^{NS}	0.009^{NS}
	Y=0.446x- 9.626				
Thrips per leaf	0.640**	0.247^{NS}	-0.063^{NS}	- 0.208^{NS}	0.108^{NS}
	y=0.112x-2.744				
Mite per leaf	0.510*	0.075^{NS}	-0.148^{NS}	- 0.248^{NS}	0.175^{NS}
	y=1.611x- 39.30				
Jassid per leaf	0.536**	0.128^{NS}	-0.072^{NS}	- 0.207^{NS}	0.191^{NS}
	y=0.079x- 1.909				
Flea beetle per plant	0.514*	0.125^{NS}	-0.113^{NS}	- 0.333^{NS}	0.109^{NS}
	y=0.077x- 1.815				
Coccinellid predators per plant	0.517*	0.159^{NS}	- 0.093NS	- 0.246^{NS}	0.009^{NS}
	y=0.115x- 2.576				

Quadro 4.6 Coeficiente de correlação (r) e equação de regressão de vários insectos pragas e predadores *de Bhut Jolokia* com parâmetros meteorológicos durante 2014-15

NS: Não significativo, *: Significativo ao nível de 5% de probabilidade, **: Significativo ao nível de 1% de probabilidade

4.3.6 Escaravelho das pulgas *(M. signatd)*

O escaravelho da pulga foi observado a partir da quarta semana de janeiro. O período de pico da atividade do foi registado durante a segunda semana de março, com uma população média de 1,4 besouros-pulgas por planta. Mais tarde, houve um declínio na população e não se registou qualquer besouro da pulga a partir da terceira semana de maio. A incidência mais elevada foi registada em março. Durante o período de pico de atividade, a temperatura máxima e mínima, a humidade relativa média, a precipitação total e as horas de sol brilhante foram de 30,5°C, 15,9°C, 71 por cento, 0 mm e 5,7, respetivamente.

Insect pests	2014	2014-15
Coccinellids predators and *Apis gossypii*	0.969** y=0.253x+0.135	0.956** y=0.239x-0.046

Quadro 4.7 Coeficiente de correlação (r) e equação de regressão entre predadores coccinelídeos e *Aphis gossypii*

NS: Não significativo

*: Significativo ao nível de 5% de probabilidade,

**: Significativo ao nível de 1% de probabilidade

Os estudos de correlação dos insectos com diferentes parâmetros meteorológicos revelaram que foi registada uma correlação positiva significativa com a temperatura máxima (r = 0,514). No entanto, a temperatura mínima (r = 0,125) e as horas de sol brilhante (r = 0,109) apresentaram uma correlação positiva não significativa com a população de insectos. No entanto, foi também observada uma correlação negativa não significativa com a humidade relativa (r = - 0,113) e a precipitação total (r =-0,333), respetivamente.

4.3.7 Predadores coccinelídeos

Os predadores coccinelídeos foram observados no campo a partir da terceira semana de janeiro e atingiram o pico durante a segunda semana de março, com uma média de 1,8 predadores por planta. Durante o período de pico de atividade, a temperatura máxima e mínima, a humidade relativa média, a precipitação total e as horas de sol brilhante foram de 30,5°C, 15,9°C, 71 por cento, 0 mm e 5,7, respetivamente.

Os estudos de correlação dos predadores coccinelídeos revelaram uma correlação positiva significativa com a temperatura máxima (r = 0,517). No entanto, a temperatura mínima (r =0,159) e as horas de sol brilhante (r =0,009) apresentaram uma correlação positiva não significativa com a população. Foi também observada uma correlação negativa não significativa com a humidade relativa (r =- 0,093) e a precipitação total (r =-0,246), respetivamente.

4.4 Coeficiente de correlação (r) e equação de regressão entre coccinelídeos e *A. gossypii*

A correlação simples e a equação de regressão de coccinelídeos e A. *gossypii* durante 2014 e 2014-15 são apresentadas na Tabela 4.7. A população de predadores de coccinelídeos mostrou uma correlação positiva significativa com a tendência de aumento da população de pulgões (r = 0,969 e r = 0,956) durante 2014 e 2014-15, respetivamente.

4.5 Eficácia de diferentes tratamentos contra diferentes pragas de insectos e predadores de *Bhut Jolokia* durante 2014-15

Foi realizada uma experiência de campo para avaliar a eficácia de certos biopesticidas contra diferentes pragas de insectos importantes de *Bhut Jolokia*. Os diferentes tratamentos foram *os seguintes: Metarrhizium anisopliae* @ 3 ml por litro, *Beuveria bassiana* @ 3 ml por litro, *Verticillium lecanii* @ 3 ml por litro, Pestoneem @ 3 ml por litro, spinosad @ 0,6 ml por litro e um inseticida, isto é, imidaclopride @ 0,4 ml por litro. O imidaclopride foi utilizado como controlo padrão. Os tratamentos foram aplicados duas vezes. A pulverização foi efectuada com um intervalo de 15 dias a partir da primeira pulverização.

4.5.1 Efeito de diferentes tratamentos na população de afídeos

4.5.1.1 Após a primeira pulverização

4.5.1.1.1 Três dias após o tratamento

Os dados sobre o número médio de pulgões por folha três dias após a primeira pulverização, juntamente com os respectivos valores C.D., são apresentados na Tabela 4.8. Os dados revelaram que todos os tratamentos foram superiores à testemunha na redução da população de pulgões. No entanto, a menor população de pulgões (0,53 pulgões por folha) foi registada na parcela tratada com imidaclopride @ 0,4 ml por litro e a maior foi encontrada na testemunha não tratada (4,60 pulgões por folha). Entre os biopesticidas testados contra a população de pulgões, a menor população (2,60 pulgões por folha) foi alcançada nos tratamentos com Pestoneem @ 3 ml por litro, seguido por *V. lecanii* @ 3 ml por litro (2,80 por folha), *B. bassiana* @ 3 ml por litro (2,93 pulgões por folha), *M. anisopliae* @ 3 ml por litro (3,06 pulgões por folha) e spinosad @ 0,6 ml por litro (3,13 pulgões por folha), respetivamente.

No entanto, o tratamento imidaclopride foi significativamente superior a todos os outros tratamentos testados contra pulgões de *Bhut Jolokia*. O segundo melhor tratamento foi o Pestoneem, que foi estatisticamente igual ao tratamento de *V. lecanii* e *B. bassiana*, mas significativamente diferente de *M. anisopliae* e spinosad, respetivamente. Além disso, não houve diferença significativa observada no número médio da população de pulgões entre os tratamentos de *V. lecanii, B. bassiana, M. anisopliae* e spinosad, respetivamente.

4.5.1.1.2 Sete dias após o tratamento

Os dados relativos ao número médio de pulgões por folha aos sete dias após o tratamento da primeira aplicação, juntamente com os respectivos valores de C.D., são apresentados no Quadro 4.8.

Observou-se que a menor população de pulgões (0,93 pulgões por folha) foi registada no tratamento que recebeu imidaclopride 0,4 ml por litro e a maior nas parcelas de controlo não tratadas (5,06 pulgões por folha). Entre os diferentes biopesticidas testados contra a população de pulgões, a menor população foi obtida no tratamento com Pestoneem @ 3 ml por litro (2,20 pulgões por folha), seguido por V. *lecanii* @ 3 ml por litro (2.46 pulgões por folha), *B. bassiana* @ 3 ml por litro (2,62 pulgões por folha), *M. anisopliae* @ 3 ml por litro (2,66 pulgões por folha) e spinosad @ 0,6 ml por litro (3,04 pulgões por folha), respetivamente.

No entanto, o tratamento imidacloprid foi significativamente eficaz em comparação com todos os outros tratamentos testados contra pulgões em *Bhut Jolokia* seguido por Pestoneem e foi estatisticamente igual ao tratamento *V. lecanii* onde não houve diferenças significativas observadas entre os tratamentos de *V. lecanii*, *B. bassiana* e *M. anisopliae* com a mesma dose de 3 ml por litro. Também foi observado que o tratamento *M. anisopliae* foi estatisticamente igual ao spinosad.

4.5.1.1.3 Dez dias após o tratamento

Os dados sobre o número médio de pulgões por folha aos dez dias após o tratamento da primeira aplicação, juntamente com os respectivos valores de C.D., são apresentados no Quadro 4.8.

Treatments	Dose	Pre treatment count	Post treatment count		
			3 DAT	7DAT	10DAT
T_1= *Metarrhizium anisopliae*	3 ml/litre	4.73	3.06^b	2.66^{bc}	3.60^{bc}
T_2=*Beuveria bassiana*	3 ml/litre	4.26	2.93^{bc}	2.62^c	3.33^c
T_3= *Verticillium lecanii*	3 ml/litre	3.93	2.80^{bc}	2.46^{cd}	2.76^d
T_4= Pestoneem	3ml/litre	4.06	2.60^c	2.20^d	2.46^d
T_5= Spinosad	0.6ml/litre	3.86	3.13^b	3.04^b	3.80^b
T_6= Imidacloprid	0.4ml/litre	3.80	0.53^d	0.93^e	1.40^e
T_7= Control (water spray)	-	4.20	4.60^a	5.06^a	5.40^a
S.Ed. (±)		0.58	0.15	0.18	0.19
$CD_{(0.05)}$		NS	0.34	0.40	0.41

Quadro 4.8 Efeito dos diferentes tratamentos na população de *Aphis gossypii* após a primeira pulverização em 2014-15

DAT: Dias após o tratamento

Dados baseados na média de 3 repetições (5 plantas/parcela e 3 folhas/planta)

As médias dos tratamentos seguidas de uma letra comum não diferem significativamente entre si a 5% de probabilidade por DMRT

Os dados sobre o número médio de pulgões por folha revelaram que o menor número de 1,4 pulgões por folha foi registado nas parcelas tratadas com imidaclopride @ 0,4 ml por litro, enquanto o maior número (5,40 pulgões por folha) foi obtido na parcela de controlo não tratada. A segunda população mais baixa foi registada nas parcelas tratadas com Pestoneem @ 3 ml por litro (2,46 pulgões por folha) seguido por *V. lecanii* @ 3 ml por litro (2,76 pulgões por folha), *B. bassiana* @ 3 ml por litro (3,33 pulgões por folha), *M. anisopliae* @ 3 ml por litro (3,6 pulgões por folha) e spinosad @ 0,6 ml por litro (3,80 pulgões por folha), respetivamente.

O tratamento com imidaclopride foi significativamente superior a todos os outros tratamentos. Não foi observada diferença significativa entre os tratamentos de Pestoneem e *V. lecanii* na redução da população de pulgões. Também foi observado que o tratamento *B. bassiana* foi estatisticamente igual a *M. anoispliae* com a mesma dose. Além disso, observou-se que *M. anoispliae* foi estatisticamente igual ao spinosad com uma dose menor de 0,6 ml por litro.

4.5.2 Efeito de diferentes tratamentos na população de afídeos

4.5.2.1 Após a segunda pulverização

4.5.2.1.1 Três dias após o tratamento

Os dados sobre o número médio de pulgões por folha aos três dias após o tratamento da segunda aplicação, juntamente com os respectivos valores de C.D., são apresentados no Quadro 4.9.

Os dados revelaram que todos os tratamentos foram superiores ao controlo. O valor mais baixo de 0,33 pulgões por folha foi registado nas parcelas tratadas com imidaclopride @ 3 ml por litro, enquanto o valor mais elevado (5,66 por folha) foi registado na parcela de controlo não tratada. Dos diferentes biopesticidas testados contra a população de pulgões, a menor população foi obtida na parcela tratada com Pestoneem @ 3 ml por litro (2,13 pulgões por folha), seguida por *V. lecanii* @ 3 ml por litro (2.40 pulgões por folha), *B. bassiana* @ 3 ml por litro (2,66 pulgões por folha), *M. anisopliae* @ 3 ml por litro (2,93 pulgões por folha) e spinosad @ 0,6 ml por litro (3,20 pulgões por folha), respetivamente.

O tratamento com imidaclopride foi significativamente superior a todos os outros tratamentos testados contra afídeos de *Bhut Jolokia*. O segundo melhor tratamento foi Pestoneem e foi estatisticamente igual ao tratamento de *V. lecanii*. No entanto, o tratamento *V. lecanii* também foi igual ao tratamento *B. bassiana* com a mesma dose. Além disso, não foram observadas diferenças significativas no número médio da população de pulgões entre os tratamentos com *M. anisopliae* e spinosad, respetivamente.

4.5.2.1.2 Sete dias após o tratamento

Os dados sobre o número médio de pulgões por folha aos sete dias após o tratamento da segunda pulverização, juntamente com os respectivos valores de C.D., são apresentados no Quadro 4.9.

É evidente a partir do quadro que todos os tratamentos foram superiores ao controlo. O valor mais baixo de 0,60 pulgões por folha foi registado na parcela tratada com imidaclopride @ 0,4 ml por litro, enquanto o valor mais elevado (5,46 por folha) foi registado na parcela de controlo não tratada. Entre os diferentes biopesticidas testados contra a população de pulgões, a menor população foi obtida na parcela tratada com Pestoneem @ 3 ml por litro (1,56 pulgões por folha), seguida por *V. lecanii* @ 3 ml por litro (1.80 pulgões por folha), *B. bassiana* @ 3 ml por litro (2,46 pulgões por folha), *M. anisopliae* @ 3 ml por litro (2,62 pulgões por folha) e spinosad @ 0,6 ml por litro (3,0 pulgões por folha), respetivamente.

No entanto, o tratamento com imidaclopride foi significativamente superior a todos os outros tratamentos testados contra afídeos de *Bhut Jolokia*. O segundo melhor tratamento foi o Pestoneem, que foi estatisticamente igual ao tratamento de *V. lecanii*. No entanto, não foi observada nenhuma diferença significativa

Treatments	Dose	Pre treatment record	Post treatment record		
			3 DAT	7DAT	10DAT
T$_1$= *Metarrhizium anisopliae*	3 ml/litre	3.86	2.93^{bc}	2.62^c	2.91^{bc}
T$_2$=*Beuveria bassiana*	3 ml/litre	3.60	2.66^{cd}	2.46^c	2.60^{cd}
T$_3$= *Verticillium lecanii*	3 ml/litre	3.06	2.40^{de}	1.80^d	2.33^{de}
T$_4$= Pestoneem	3ml/litre	2.84	2.13^e	1.56^d	2.0^e
T$_5$= Spinosad	0.6ml/litre	4.26	3.20^b	3.00^b	3.18^b
T$_6$= Imidacloprid	0.4ml/litre	1.60	0.33^f	0.60^e	1.26^f
T$_7$= Control (water spray)	-	5.53	5.66^a	5.46^a	5.73^a
S.Ed. (±)		1.0	0.15	0.12	0.17
CD$_{(0.05)}$		NS	0.32	0.27	0.38

Quadro 4.9 Efeito dos diferentes tratamentos na população de *Aphis gossypii* após a segunda pulverização em 2014-15

DAT: Dias após o tratamento
Dados baseados na média de 3 repetições (5 plantas/parcela e 3 folhas/planta)

NS: Não significativo

As médias dos tratamentos seguidas de uma letra comum não diferem significativamente entre si a 5% de probabilidade por DMRT
entre o tratamento de *B. bassiana* e *M. anisopliae*, mas ambos os tratamentos diferiram significativamente do tratamento spinosad.

4.5.2.1.3 Dez dias após o tratamento

Os dados sobre o número médio de pulgões por folha aos dez dias após o tratamento da segunda pulverização, juntamente com os respectivos valores de C.D., são apresentados no Quadro 4.9.

Os dados revelam que o menor valor de 1,26 pulgões por folha foi registado na parcela tratada com imidaclopride @ 0,4 ml por litro, enquanto o maior valor (5,73 pulgões por folha) foi obtido na parcela de controlo não tratada. A segunda população mais baixa foi registada na parcela tratada com Pestoneem @ 3 ml por litro (2,0 pulgões por folha) seguida por *V. lecanii* @ 3 ml por litro (2,33 pulgões por folha), *B. bassiana* @ 3 ml por litro (2,60 pulgões por folha), *M. anisopliae* @ 3 ml por litro (2,91 pulgões por folha) e spinosad @ 0,6 ml por litro (3,18 pulgões por folha), respetivamente.

O tratamento com imidaclopride foi significativamente superior a todos os outros tratamentos. Não houve diferença significativa entre os tratamentos de Pestoneem e *V. lecanii* na redução da população de pulgões. Também foi observado que o tratamento *V. lecanii* foi estatisticamente igual a *B. bassiana*, mas diferiu significativamente do tratamento *M. anoispliae* com a mesma dose de 3 ml por litro. No entanto, não foi observada nenhuma diferença significativa entre os tratamentos de *M. anoispliae* e spinosad na redução da população de pulgões dez dias após o tratamento.

Treatments	Dose	Pre treatment count	Post treatment count		
			3 DAT	7DAT	10DAT
T_1= *Metarrhizium anisopliae*	3 ml/litre	2.40	2.08^{bc}	1.73^{b}	2.13^{bc}
T_2=*Beuveria bassiana*	3 ml/litre	2.26	1.80^{cd}	1.46^{c}	2.06^{bc}
T_3= *Verticillium lecanii*	3 ml/litre	2.53	1.68^{de}	1.33^{c}	1.93^{cd}
T_4= Pestoneem	3 ml/litre	1.93	1.40^{e}	1.26^{c}	1.80^{d}
T_5= Spinosad	0.6ml/litre	2.66	2.26^{b}	1.92^{b}	2.26^{b}
T_6= Imidacloprid	0.4ml/litre	2.20	0.40^{f}	0.66^{d}	1.0^{e}
T_7= Control (water spray)	-	2.06	2.40^{a}	2.60^{a}	2.53^{a}
S.Ed. (±)		0.34	0.14	0.10	0.12
$CD_{(0.05)}$		NS	0.32	0.23	0.24

Quadro 4.10 Efeito dos diferentes tratamentos na população de *Scirtothrips dorsalis* após a primeira pulverização em 2014-15

DAT: Dias após o tratamento

NS: Não significativo

Dados baseados na média de 3 repetições (5 plantas/parcela e 3 folhas/planta)

As médias dos tratamentos seguidas de uma letra comum não diferem significativamente entre si a 5% de probabilidade por DMRT

4.5.3 Efeito de diferentes tratamentos na população de tripes

4.5.3.1 Após a primeira pulverização

4.5.3.1.1 Três dias após o tratamento

Os números médios de tripes por folha aos três dias após a primeira aplicação, juntamente com os respectivos valores de C.D., são apresentados no Quadro 4.10.

Foi evidente a partir dos dados sobre o número médio de tripes por folha que todos os tratamentos foram considerados eficazes em relação ao controlo não tratado na redução da população de tripes. No entanto, a população mais baixa de tripes (0,40 tripes por folha) foi registada na parcela tratada com imidaclopride a 0,4 ml por litro e a mais alta foi encontrada na parcela de controlo não tratada (2,40 tripes por folha). De todos os biopesticidas testados contra a população de tripes , a menor população (1,40 tripes por folha) foi alcançada nos tratamentos com Pestoneem, seguido por *V. lecanii* @ 3 ml por litro (1,68 tripes por folha), *B. bassiana* @ 3 ml por litro (1,80 tripes por folha), *M. anisopliae* @ 3 ml por litro (2,08 tripes por folha) e spinosad @ 0,6 ml por litro (2,26 tripes por folha), respetivamente.

No entanto, o tratamento com imidaclopride foi significativamente superior a todos os outros tratamentos testados contra tripes de *Bhut Jolokia* seguido por Pestoneem e foi estatisticamente igual ao tratamento de *V. lecanii*. Além disso, não houve diferença significativa observada no número médio da população de tripes entre os tratamentos de *V. lecanii* e *B. bassiana* com a mesma dose de 3 ml por litro. Também se observou que o tratamento *M. anisopliae* estava a par com o spinosad com uma dose mais baixa de 0,6 ml por litro.

4.5.3.1.2 Sete dias após o tratamento

Os dados sobre o número médio de tripes por folha aos sete dias após o tratamento da primeira pulverização, juntamente com os respectivos valores de C.D., são apresentados no Quadro 4.10 .

Os dados revelam que todos os tratamentos, após sete dias de pulverização, foram superiores ao controlo na redução da população de tripes. A população mais baixa de tripes (0,66 tripes por folha) foi registada na parcela tratada com imidaclopride a 0,4 ml por litro e a mais alta foi encontrada na testemunha não tratada (2,60 tripes por folha). Entre os biopesticidas, a população mais baixa (1,26 tripes por folha) foi registada nos tratamentos com Pestoneem, seguido de *V. lecanii* @ 3 ml por litro (1,33 tripes por folha), *B. bassiana* @ 3 ml por litro (1,46 tripes por folha), *M. anisopliae* @ 3 ml por litro (1,73 tripes por folha) e spinosad @ 0,6 ml por litro (1,92 tripes por folha), respetivamente.

No entanto, o tratamento com imidaclopride foi altamente eficaz em comparação com outros tratamentos testados contra tripes de *Bhut Jolokia*. Também se observou que não houve diferença significativa entre os tratamentos de Pestoneem, *V. lecanii* e *B. bassiana,* respetivamente. Além disso, o tratamento *M. anisopliae* foi estatisticamente igual ao spinosad na redução da população de tripes após sete dias de tratamento.

4.5.3.1.3 Dez dias após o tratamento

Os dados sobre o número médio de tripes por folha dez dias após o tratamento da primeira pulverização , juntamente com os respectivos valores de C.D., são apresentados no Quadro 4.10 .

Os dados sobre o número médio de tripes por folha revelam que todos os tratamentos foram superiores ao controlo sem tratamento na redução da população de tripes. Observou-se na tabela que a população mais baixa (1,0 tripes por folha) foi obtida na parcela tratada com imidaclopride a 0,4 ml por litro e a mais alta foi encontrada no controlo não tratado (2,53 tripes por folha). Entre os biopesticidas testados contra a população de tripes, a menor população (1,80 tripes por folha) foi obtida no tratamento com Pestoneem, seguido por *V. lecanii* @ 3 ml por litro (1,93 tripes por folha), *B. bassiana* @ 3 ml por litro (2,06 tripes por folha), *M. anisopliae* @ 3 ml por litro (2,13 tripes por folha) e spinosad @ 0,6 ml por litro (2,26 tripes por folha), respetivamente.

Observou-se que o tratamento com imidaclopride foi o melhor tratamento em comparação com todos os outros tratamentos testados contra tripes de *Bhut Jolokia*. O Pestoneem foi registado como o melhor tratamento e foi estatisticamente igual ao *V.*

lecanii, enquanto não se observou uma diferença significativa entre os tratamentos de *V. lecanii, B. bassiana* e *M. anisopliae* com a mesma dose de 3 ml por litro. Também foi observado que o tratamento *B. bassiana* e *M. anisopliae* também foi estatisticamente igual ao spinosad na redução da população de tripes dez dias após o tratamento.

4.5.4 Efeito de diferentes tratamentos na população de tripes

4.5.4.1 Após a segunda pulverização

4.5.4.1.1 Três dias após o tratamento

Os dados sobre o número médio de tripes por folha aos três dias após o tratamento da segunda aplicação, juntamente com os respectivos valores C.D., são apresentados no Quadro 4.11 .

Foi evidente a partir dos dados sobre o número médio de tripes por folha que todos os tratamentos foram superiores ao controlo não tratado na redução da população de tripes. No entanto, a população mais baixa de tripes (0,33 tripes por folha) foi registada na parcela tratada com imidaclopride a 0,4 ml por litro e a mais alta foi encontrada no controlo não tratado (2,33 tripes por folha). Entre os diferentes biopesticidas contra a população de thrips, a população mais baixa (1,60 thrips por folha) foi registada no tratamento com Pestoneem, seguido de *V. lecanii* @ 3 ml por litro (1,80 thrips por folha), *B. bassiana* @ 3 ml por litro (1,94 thrips por folha), *M. anisopliae* @ 3 ml por litro (2,06 thrips por folha) e spinosad @ 0,6 ml por litro (2,20 thrips por folha), respetivamente.

No entanto, entre todos os tratamentos, o imidaclopride foi o melhor em comparação com todos os outros tratamentos testados contra tripes de *Bhut Jolokia*. O segundo melhor tratamento, Pestoneem, foi considerado estatisticamente igual ao tratamento de *V. lecanii,* mas não foi observada nenhuma diferença significativa entre os tratamentos de *V. lecanii, B. bassiana* e *M. anisopliae* com a mesma dose de 3 ml por litro.

4.5.4.1.2 Sete dias após o tratamento

O número médio de tripes por folha aos sete dias após o tratamento da segunda pulverização, juntamente com os respectivos valores de C.D., são apresentados no Quadro 4.11 .

Os dados sobre o número médio de tripes por folha revelaram que todos os tratamentos foram superiores ao controlo não tratado na redução da população de tripes contra a *Bhut Jolokia*. Entre os diferentes tratamentos, a população mais baixa de tripes (0,53 tripes por folha) foi registada na parcela tratada com imidaclopride a 0,4 ml por litro e a mais elevada foi encontrada na testemunha não tratada (2,40 tripes por folha). O biopesticida testado contra a população de tripes, a população mais baixa (1,20 tripes por folha) foi alcançada nos tratamentos de Pestoneem seguido por *V. lecanii* @ 3 ml por litro (1,26 tripes por folha), *B. bassiana* @ 3 ml por litro (1,40 tripes por folha), *M. anisopliae* @ 3 ml por litro (1,68 tripes por folha) e spinosad @ 0,6 ml por litro (1,88 tripes por folha), respetivamente.

Treatments	Dose	Pre treatment count	Post treatment count		
			3 DAT	7DAT	10DAT
T$_1$= *Metarrhizium anisopliae*	3 ml/litre	2.46	2.06[bc]	1.68[b]	2.0[bc]
T$_2$=*Beuveria bassiana*	3 ml/litre	2.33	1.94[bc]	1.40[c]	1.84[cd]
T$_3$= *Verticillium lecanii*	3 ml/litre	2.13	1.80[cd]	1.26[c]	1.66[de]
T$_4$= Pestoneem	3ml/litre	2.20	1.60[d]	1.20[c]	1.53[e]
T$_5$= Spinosad	0.6 ml/litre	2.40	2.20[b]	1.88[b]	2.13[b]
T$_6$= Imidacloprid	0.4ml/litre	1.93	0.33[e]	0.53[d]	0.80[f]
T$_7$= Control (water spray)	-	2.0	2.33[a]	2.40[a]	2.60[a]
S.Ed. (±)		0.23	0.12	0.11	0.11
CD$_{(0.05)}$		NS	0.28	0.24	0.25

Quadro 4.11 Efeito dos diferentes tratamentos na população de *Scirtothrips dorsalis* após a segunda pulverização em 2014-15
DAT: Dias após o tratamento

Dados baseados na média de 3 repetições (5 plantas/parcela e 3 folhas/planta)

NS: Não significativo

As médias dos tratamentos seguidas de uma letra comum não diferem significativamente entre si a 5% de probabilidade por DMRT

No entanto, o tratamento com imidaclopride foi significativamente superior a todos os outros tratamentos testados contra tripes de *Bhut Jolokia*. Pestoneem foi o segundo melhor tratamento e foi estatisticamente igual a *V. lecanii* e *B.bassiana,* respetivamente. Também se observou que não houve nenhuma diferença significativa entre os tratamentos de *M. anisopliae* e spinosad na redução da população de tripes sete dias após o tratamento.

4.5.4.1.3 Dez dias após o tratamento

Os dados sobre o número médio de tripes por folha aos dez dias após o tratamento da segunda pulverização, juntamente com os respectivos valores de C.D., são apresentados no Quadro 4.11.

O número médio de tripes por folha revelou que todos os tratamentos tiveram um efeito significativo sobre o controlo não tratado na redução da população de tripes. Foi observado na tabela que a população mais baixa de tripes (0,80 tripes por folha) foi registada na parcela tratada com imidaclopride @ 0,4 ml por litro e a mais alta foi registada na parcela de controlo não tratada (2,60 tripes por folha). Entre os diferentes biopesticidas testados contra a população de tripes, a população mais baixa (1,53 tripes por folha) foi registada nos tratamentos de Pestoneem, seguido de *V. lecanii* @ 3 ml por litro (1,66 tripes por folha), *B. bassiana* @ 3 ml por litro (1,84 tripes por folha), *M. anisopliae* @ 3 ml por litro (2,0 tripes por folha) e spinosad @ 0,6 ml por litro (2,13 tripes por folha), respetivamente.

Também foi registado que o tratamento imidaclopride foi significativamente superior a todos os outros tratamentos contra tripes de *Bhut Jolokia*. O segundo melhor tratamento foi o Pestoneem, que foi estatisticamente igual ao *V. lecanii*, enquanto o tratamento *V. lecanii* também foi igual ao *B. Bassiana* com a mesma dose. Não houve diferença significativa entre os tratamentos *M. anisopliae e* spinosad na redução da população de tripes dez dias após o tratamento.

4.5.5 Efeito de diferentes tratamentos na população de ácaros

4.5.5.1 Após a primeira pulverização

4.5.5.1.1 Três dias após o tratamento

Os dados sobre o número médio de ácaros por folha aos três dias após o tratamento da primeira pulverização, juntamente com os respectivos valores C.D., são apresentados no Quadro 4.12.

O número médio de ácaros por folha revelou que todos os tratamentos foram eficazes em relação ao controlo não tratado na redução da população de ácaros. A tabela mostra que a população mais baixa de ácaros (2,20 ácaros por folha) foi registada na parcela tratada com imidaclopride @ 0,4 ml por litro e a mais alta foi encontrada no controlo não tratado (14,40 ácaros por folha). Ao comparar os biopesticidas contra a população de ácaros, a menor população (2,60 ácaros por folha) foi alcançada nos tratamentos de Pestoneem @ 3 ml por litro, seguido por *B. bassiana* @ 3 ml por litro (4,33 ácaros por folha), spinosad @ 0,6 ml por litro (4,73 ácaros por folha), *V. lecanii* @ 3 ml por litro (5,13 ácaros por folha) e *M. anisopliae* @ 3 ml por litro (5,86 ácaros por folha), respetivamente.

No entanto, o tratamento imidaclopride @ 0,4 ml por litro foi o melhor e foi estatisticamente igual ao Pestoneem, mas diferiu significativamente de *B. bassiana,* spinosad, *V. lecanii* e *M. anisopliae,* respetivamente. O tratamento *B. bassiana* foi estatisticamente igual ao spinosad, enquanto o spinosad também foi igual ao *V. lecanii, respetivamente.*

Treatments	Dose	Pre treatment count	Post treatment count		
			3 DAT	7DAT	10DAT
T_1= *Metarrhizium anisopliae*	3 ml/litre	9.40	5.86[b]	3.93[b]	9.46[b]
T_2=*Beuveria bassiana*	3 ml/litre	6.60	4.33[d]	3.0[c]	6.80[c]
T_3= *Verticillium lecanii*	3 ml/litre	9.0	5.13[c]	3.80[b]	9.20[b]
T_4= Pestoneem	3ml/litre	8.73	2.60[e]	2.86[cd]	6.40[cd]
T_5= Spinosad	0.6 ml/litre	7.53	4.73[cd]	3.20[c]	8.93[b]
T_6= Imidacloprid	0.4ml/litre	9.20	2.20[e]	2.40[d]	5.73[d]
T_7= Control (water spray)	-	8.13	14.40[a]	19.60[a]	17.0[a]
S.Ed. (±)		1.13	0.19	0.25	0.34
CD $_{(0.05)}$		NS	0.42	0.56	0.74

Quadro 4.12 Efeito dos diferentes tratamentos na população de *Polyphagotarsonemus latus* após a primeira pulverização em 2014-15

DAT: Dias após o tratamento

Dados baseados na média de 3 repetições (5 plantas/parcela e 3 folhas/planta)

NS: Não significativo

As médias dos tratamentos seguidas de uma letra comum não diferem significativamente entre si a 5% de probabilidade por DMRT

4.5.5.1.2 Sete dias após o tratamento

Os dados sobre o número médio de ácaros por folha aos sete dias após o tratamento da primeira pulverização, juntamente com os respectivos valores C.D., são apresentados no Quadro 4.12.

A menor população de ácaros (2,40 ácaros por folha) foi registada na parcela tratada com imidaclopride @ 0,4 ml por litro e a maior foi encontrada no controlo não tratado (19,60 ácaros por folha). Entre os biopesticidas testados contra a população de ácaros, a menor população (2,86 ácaros por folha) foi alcançada nos tratamentos com Pestoneem @ 3 ml por litro, seguido por *B. bassiana* @ 3 ml por litro (3,0 ácaros por folha), spinosad @ 0,6 ml por litro (3,20 ácaros por folha), *V. lecanii* @ 3 ml por litro

(3,80 ácaros por folha) e *M. anisopliae* @ 3 ml por litro (3,93 ácaros por folha), respetivamente.

Entre os diferentes tratamentos, o tratamento imidaclopride foi estatisticamente igual ao Pestoneem, mas diferiu significativamente de *B. bassiana,* spinosad, *V. lecanii* e *M. anisopliae,* respetivamente. Não houve diferença significativa observada no tratamento de pestoneem, *B. bassiana* e spinosad, respetivamente. Além disso, o tratamento com *V. lecanii* foi igual ao de *M. anisopliae* na redução da população de ácaros sete dias após o tratamento.

4.5.5.1.3 Dez dias após o tratamento

Os dados sobre o número médio de ácaros por folha aos dez dias após o tratamento da primeira aplicação, juntamente com os respectivos valores C.D., são apresentados no Quadro 4.12.

É evidente na tabela que foi observada uma tendência quase semelhante de resultados aos dez dias após a pulverização, como observado aos três e sete dias após a primeira pulverização. A população de ácaros mais elevada, de 17,0 ácaros por folha, foi registada na parcela de controlo não tratada, enquanto a mais baixa, de 5,73 ácaros por folha, foi registada na parcela tratada com imidaclopride a 0,4 ml por litro. Entre os biopesticidas, a população mais baixa (6,40 ácaros por folha) foi registada nos tratamentos de Pestoneem @ 3 ml por litro, seguido de *B. bassiana* @ 3 ml por litro (6,80 ácaros por folha), spinosad @ 0,6 ml por litro (8,93 ácaros por folha), *V. lecanii* @ 3 ml por litro (9,20 ácaros por folha) e *M. anisopliae* @ 3 ml por litro (9,46 ácaros por folha), respetivamente.

No entanto, o tratamento imidaclopride foi estatisticamente igual ao de Pestoneem, mas diferiu significativamente de *B. bassiana,* spinosad, *V. lecanii* e *M. anisopliae,* respetivamente. Também se observou que o tratamento Pestoneem estava ao mesmo nível que *o B. bassiana.* Não foi observada nenhuma diferença significativa entre o tratamento de Pestoneem e *M. anisopliae* na redução da população de ácaros após dez dias de tratamento.

4.5.6 Efeito de diferentes tratamentos na população de ácaros

4.5.6.1 Após a segunda pulverização

4.5.6.1.1 Três dias após o tratamento

Os dados sobre a média de ácaros por folha aos três dias após o tratamento da segunda aplicação, juntamente com os respectivos valores de C.D., são apresentados no Quadro 4.13.

Observou-se que todos os tratamentos foram eficazes na redução da população de ácaros em relação ao controlo não tratado. A maior população de ácaros, 17,66 ácaros por folha, foi registada na parcela de controlo não tratada, enquanto a menor, 2,40 ácaros por folha, foi registada na parcela tratada com imidaclopride a 0,4 ml por litro. Os biopesticidas testados contra a população de ácaros, o menor valor (2,73 ácaros por folha) foi alcançado nos tratamentos de Pestoneem @ 3 ml por litro, seguido por *B. bassiana* @ 3 ml por litro (4,86 ácaros por folha), spinosad @ 0,6 ml por litro (5,20 ácaros por folha), *V. lecanii* @ 3 ml por litro (5,80 ácaros por folha) e *M. anisopliae* @ 3 ml por litro (6,0 ácaros por folha), respetivamente.

Treatments	Dose	Pre treatment count	Post treatment count		
			3 DAT	7DAT	10DAT
T$_1$= *Metarrhizium anisopliae*	3 ml/litre	13.20	6.0[b]	4.93[b]	6.26[b]
T$_2$=*Beuveria bassiana*	3 ml/litre	10.40	4.86[c]	3.46[de]	4.46[c]
T$_3$= *Verticillium lecanii*	3 ml/litre	11.40	5.80[b]	4.73[bc]	6.0[b]
T$_4$= Pestoneem	3 ml/litre	14.26	2.73[d]	3.0[ef]	3.93[cd]
T$_5$= Spinosad	0.6 ml/litre	9.73	5.20[c]	4.13[cd]	5.80[b]
T$_6$= Imidacloprid	0.4ml/litre	8.46	2.40[d]	2.66[f]	3.33[d]
T$_7$= Control (water spray)	-	14.06	17.66[a]	18.73[a]	19.73[a]
S.Ed. (±)		2.36	0.23	0.35	0.28
CD $_{(0.05)}$		NS	0.50	0.77	0.62

Quadro 4.13 Efeito dos diferentes tratamentos na população de *Polyphagotarsonemus latus* após a segunda pulverização em 2014-15
DAT: Dias após o tratamento

Dados baseados na média de 3 repetições (5 plantas/parcela e 3 folhas/planta)

NS: Não significativo

As médias dos tratamentos seguidas de uma letra comum não diferem significativamente entre si a 5% de probabilidade pelo DMRT.

No entanto, o imidaclopride foi estatisticamente igual ao Pestoneem, mas diferiu significativamente de *B. bassiana,* spinosad, *V. lecanii* e *M. anisopliae* na redução da população de ácaros contra *Bhut Jolokia.* Da mesma forma, *B. bassiana* também foi igual a spinosad e os tratamentos *V. lecanii* foi igual a *M. anisopliae* na redução da população de ácaros três dias após o tratamento.

4.5.6.1.2 Sete dias após o tratamento

Os dados sobre o número médio de ácaros por folha aos sete dias após o tratamento da segunda aplicação, juntamente com os respectivos valores C.D., são apresentados no Quadro 4.13.

Todos os tratamentos foram superiores ao controlo não tratado. A população de ácaros mais elevada, 18,73 ácaros por folha, foi registada na parcela de controlo não tratada, enquanto a mais baixa, 2,66 ácaros por folha, foi registada na parcela tratada com imidaclopride a 0,4 ml por litro.

Ao comparar a eficácia dos diferentes biopesticidas testados contra a população de ácaros, a população mais baixa (3,0 ácaros por folha) foi alcançada no tratamento Pestoneem @ 3 ml por litro, seguido por *B. bassiana* @ 3 ml por litro (3,46 ácaros por folha), spinosad @ 0,6 ml por litro (4,13 ácaros por folha), *V. lecanii* @ 3 ml por litro (4,73 ácaros por folha) e *M. anisopliae* @ 3 ml por litro (4,93 ácaros por folha), respetivamente.

Verificou-se que o imidaclopride foi o melhor na redução da população de ácaros em todos os tratamentos, exceto no Pestoneem, enquanto o Pestoneem foi estatisticamente igual ao *B. bassiana.* Além disso, *o B. bassiana* também foi igual ao spinosad, enquanto o spinosad também foi igual ao tratamento *V. lecanii.* Mas não foi observada nenhuma diferença significativa entre o tratamento de *V. lecanii* e *M.*

anisopliae na redução da população de ácaros sete dias após o tratamento.

4.5.6.1.3 Dez dias após o tratamento

Os dados sobre o número médio de ácaros por folha aos dez dias após o tratamento da segunda aplicação, juntamente com os respectivos valores C.D., são apresentados no Quadro 4.13.

A tabela mostra que foi observada uma tendência quase semelhante de resultados aos dez dias após a pulverização, como observado aos três e sete dias após a segunda pulverização. Foi revelado que a maior população de ácaros, 19,73 por folha, foi registada na parcela de controlo não tratada, enquanto a menor, 3,33 ácaros por folha, foi registada na parcela tratada com imidaclopride a 0,4 ml por litro. Entre os diferentes biopesticidas testados contra a população de ácaros, a população mais baixa (3,93 ácaros por folha) foi alcançada na parcela tratada com Pestoneem @ 3 ml por litro, seguida por *B. bassiana* @ 3 ml por litro (4,46 ácaros por folha), spinosad @ 0,6 ml por litro (5,80 ácaros por folha), *V. lecanii* @ 3 ml por litro (6,0 ácaros por folha) e *M. anisopliae* @ 3 ml por litro (6,26 ácaros por folha), respetivamente.

No entanto, não foram observadas diferenças significativas entre o imidaclopride e o Pestoneem, mas o imidaclopride diferiu significativamente de todos os outros tratamentos. Também se verificou que não houve diferença significativa entre os três biopesticidas, *nomeadamente* spinosad, *V. lecanii* e *M. anisopliae*, na redução da população de ácaros dez dias após o tratamento.

4.5.7 Efeito de diferentes tratamentos na população de jassídeos

4.5.7.1 Após a primeira pulverização

4.5.7.1.1 Três dias após o tratamento

Os dados sobre o número médio de jassídeos por folha aos três dias após o tratamento da primeira aplicação, juntamente com os respectivos valores de C.D., são apresentados no Quadro 4.14.

Observou-se que todos os tratamentos foram significativamente superiores na redução da população de jassídeos em relação ao controlo não tratado. A maior população de pulgões, de 1,26 pulgões por folha, foi registada na parcela de controlo não tratada, enquanto a menor população (0,13 pulgões por folha) de pulgões foi obtida na parcela tratada com imidaclopride a 0,4 ml por litro. Entre os biopesticidas testados contra a população de jassídeos, a população mais baixa (0,53 jassídeos por folha) foi registada na parcela tratada com Pestoneem @ 3 ml por litro, seguida de *V. lecanii* @ 3 ml por litro (0.73 jassid por folha), *B. bassiana* @ 3 ml por litro (0,80 jassid por folha), spinosad @ 0,6 ml por litro (0,86 jassid por folha) e *M. anisopliae* @ 3 ml por litro (1,0 jassid por folha), respetivamente.

No entanto, o imidaclopride teve um efeito significativo sobre todos os outros tratamentos. Entre os diferentes biopesticidas, o Pestoneem foi o melhor e diferiu significativamente do resto dos biopesticidas, exceto no tratamento *V. lecanii*, enquanto o *V. lecanii* foi estatisticamente igual ao *B. bassiana* e ao spinosad, exceto o *M. anisopliae,* respetivamente.

4.5.7.1.2 Sete dias após o tratamento

Os dados sobre o número médio de jassídeos por folha aos sete dias após o tratamento da primeira aplicação, juntamente com os respetivos valores de C.D., são apresentados no Quadro 4.14.

Os dados revelaram que todos os tratamentos foram superiores na redução da população de pulgões em relação ao controlo. A população mais baixa (0,19 jassídeos por folha) de jassídeos foi obtida na parcela tratada com imidaclopride a 0,4 ml por litro, enquanto a população mais alta de jassídeos, 1,40 jassídeos por folha, foi registada na parcela de controlo não tratada. Entre os diferentes biopesticidas testados contra a população de jassídeos, a população mais baixa (0,40 jassídeos por folha) foi registada na parcela tratada com Pestoneem @ 3 ml por litro, seguida de *V. lecanii* @ 3 ml por litro (0.60 jassid por folha), *B. bassiana* @ 3 ml por litro (0,72 jassid por folha), spinosad @ 0,6 ml por litro (0,77 jassid por folha), e *M. anisopliae* @ 3 ml por litro (0,86 jassid por folha), respetivamente.

Treatments	Dose	Pre treatment count	Post treatment count		
			3 DAT	7DAT	10DAT
T_1= *Metarrhizium anisopliae*	3 ml/litre	1.33	1.0^b	0.86^b	0.74^b
T_2=*Beuveria bassiana*	3 ml/litre	0.93	0.80^{bc}	0.72^{bc}	0.55^{bc}
T_3= *Verticillium lecanii*	3 ml/litre	0.86	0.73^{cd}	0.60^{cd}	0.51^c
T_4= Pestoneem	3 ml/litre	1.13	0.53^d	0.40^{de}	0.46^{cd}
T_5= Spinosad	0.6ml/litre	1.06	0.86^{bc}	0.77^{bc}	0.66^{bc}
T_6= Imidacloprid	0.4ml/litre	1.20	0.13^e	0.19^e	0.26^d
T_7= Control(water spray)	-	1.0	1.26^a	1.40^a	1.46^a
S.Ed. (±)		0.20	0.09	0.10	0.10
CD $_{(0.05)}$		NS	0.21	0.23	0.22

Tabela 4.14 Efeito de diferentes tratamentos na população de *Amrasca biguttula biguttula* após a primeira pulverização em 2014-15

DAT: Dias após o tratamento

Dados baseados na média de 3 repetições (5 plantas/parcela e 3 folhas/planta)

NS: Não significativo

As médias dos tratamentos seguidas de uma letra comum não diferem significativamente entre si a 5% de probabilidade pelo DMRT.

No entanto, o tratamento imidaclopride diferiu significativamente de todos os outros tratamentos, exceto o tratamento Pestoneem. Observou-se que o tratamento Pestoneem estava a par com *V. lecanii.* Também se observou que *o V. lecanii* estava a par com o tratamento *B. bassiana* e spinosad, respetivamente. Além disso, não houve diferença significativa entre os tratamentos de *B. bassiana,* spinosad e *M. anisopliae* na redução da população de jassídeos sete dias após o tratamento.

4.5.7.1.3 Dez dias após o tratamento

O número médio de jassídeos por folha aos dez dias após o tratamento da primeira aplicação, juntamente com os respectivos valores de C.D., são apresentados no Quadro 4.14.

É evidente a partir da tabela que quase a mesma tendência de resultado foi encontrada dez dias após a pulverização, como observado aos três e sete dias após a primeira pulverização. A população mais baixa (0,26 jassídeos por folha) de jassídeos foi registada na parcela tratada com imidaclopride a 0,4 ml por litro, enquanto a população mais elevada de 1,46 jassídeos por folha foi registada na parcela de controlo não tratada. Dos diferentes biopesticidas testados contra a população de jassídeos, a população mais baixa (0,46 jassídeos por folha) foi registada na parcela tratada com Pestoneem @ 3 ml por litro, seguida de *V. lecanii* @ 3 ml por litro (0.51 jassid por folha), *B. bassiana* @ 3 ml por litro (0,55 jassid por folha), spinosad @ 0,6 ml por litro (0,66 jassid por folha), e *M. anisopliae* @ 3 ml por litro (0,74 jassid por folha), respetivamente.

Entre os diferentes tratamentos, o imidaclopride foi o melhor e foi igual ao Pestoneem, mas diferiu significativamente de todos os outros tratamentos. O próximo melhor tratamento foi o Pestoneem e foi igual a *V. lecanii,* spinosad e *B. bassiana,* respetivamente, exceto *M. anisopliae.* No entanto, não houve diferença significativa entre os tratamentos de *B. bassiana,* spinosad e *M. anisopliae* na redução da população de jassídeos dez dias após o tratamento.

4.5.8 Efeito de diferentes tratamentos na população de jassídeos

4.5.8.1 Após a segunda pulverização

4.5.8.1.1 Três dias após o tratamento

Os dados sobre o número médio de jassídeos por folha aos três dias após o tratamento da segunda aplicação, juntamente com os respectivos valores de C.D., são apresentados no Quadro 4.15.

Os dados revelaram que todos os tratamentos foram eficazes na redução da população de pulgões em relação ao controlo. A maior população de pulgões, de 1,46 por folha, foi registada na parcela de controlo não tratada, enquanto a menor população de 0,18 pulgões por folha foi obtida na parcela tratada com imidaclopride a 0,4 ml por litro. Além disso, entre os biopesticidas testados contra a população de jassídeos, a população mais baixa (0,0,46 jassídeos por folha) foi registada na parcela tratada com

Pestoneem @ 3 ml por litro, seguida de *V. lecanii* @ 3 ml por litro (0.62 jassídeos por folha), *B. bassiana* @ 3 ml por litro (0,73 jassídeos por folha), spinosad @ 0,6 ml por litro (0,0,86 jassídeos por folha) e M. *anisopliae* @ 3 ml por litro (1,0 jassídeos por folha), respetivamente.

No entanto, entre os diferentes tratamentos, o imidaclopride apresentou o melhor resultado contra a população de jassídeos e diferiu significativamente de todos os outros tratamentos. Da mesma forma, entre os diferentes biopesticidas testados contra os jassídeos de *Bhut Jolokia,* observou-se que o tratamento Pestoneem teve o efeito significativo e diferiu significativamente dos restantes biopesticidas, exceto *V. lecani.* *V. lecanii* também foi estatisticamente igual a *B. bassiana.* Verificou-se também que o tratamento *B. bassiana* estava ao mesmo nível que o spinosad, mas diferia significativamente de *M. anisopliae*, enquanto não havia diferença significativa entre os tratamentos de spinosad e *M. anisopliae* na redução da população de jassid três dias após o tratamento.

4.5.8.1.2 Sete dias após o tratamento

Os dados sobre o número médio de jassídeos por folha aos sete dias após o tratamento da segunda aplicação, juntamente com os respectivos valores de C.D., são apresentados no Quadro 4.15.

A tabela mostra que todos os tratamentos foram superiores na redução da população de pulgões em relação ao controlo. A população mais baixa (0,20 jassídeos por folha) de jassídeos foi obtida na parcela tratada com imidaclopride a 0,4 ml por litro e a população mais alta de jassídeos, 1,60 jassídeos por folha, foi registada na parcela de controlo não tratada. Entre os diferentes biopesticidas testados contra a população de jassídeos, a população mais baixa (0,42 jassídeos por folha) foi registada na parcela tratada com Pestoneem @ 3 ml por litro, seguida de *V. lecanii* @ 3 ml por litro (0.46 jassid por folha), *B. bassiana* @ 3 ml por litro (0,53 jassid por folha), spinosad @ 0,6 ml por litro (0,60 jassid por folha) e *M. anisopliae* @ 3 ml por litro (0,66 jassid por folha), respetivamente.

No entanto, o tratamento com imidaclopride diferiu significativamente de todos os outros tratamentos. Não foram observadas diferenças significativas entre os tratamentos de Pestoneem, *V. lecanii* e *B. bassiana,* respetivamente. Além disso, o tratamento *V. lecanii* foi igual a *B. bassiana* e spinosad, mas diferiu significativamente de *M. anisopliae,* enquanto não foi observada diferença significativa entre o tratamento de *B. bassiana,* spinosad e *M. anisopliae,* respetivamente.

Treatments	Dose	Pre treatment count	Post treatment count		
			3 DAT	**7DAT**	**10DAT**
T$_1$= *Metarrhizium anisopliae*	3 ml/litre	1.26	1.0^b	0.66^b	0.93^b
T$_2$=*Beuveria bassiana*	3 ml/litre	1.06	0.73^{cd}	0.53^{bcd}	0.80^{bc}
T$_3$= *Verticillium lecanii*	3 ml/litre	0.93	0.62^{de}	0.46^{cd}	0.73^{cd}
T$_4$= Pestoneem	3ml/litre	1.0	0.46^e	0.42^d	0.60^{de}
T$_5$= Spinosad	0.6ml/litre	1.20	0.86^{bc}	0.60^{bc}	0.86^{bc}
T$_6$= Imidacloprid	0.4ml/litre	0.80	0.18^f	0.20^e	0.46^e
T$_7$= Control(water spray)	-	1.33	1.46^a	1.60^a	1.53^a
S.Ed. (±)		0.23	0.08	0.07	0.08
CD$_{(0.05)}$		NS	0.17	0.15	0.18

Tabela 4.15 Efeito de diferentes tratamentos na população de *Amrasca biguttula biguttula* após a segunda pulverização em 2014-15
DAT: Dias após o tratamento

Dados baseados na média de 3 repetições (5 plantas/parcela e 3 folhas/planta)

NS: Não significativo

As médias dos tratamentos seguidas de uma letra comum não diferem significativamente entre si a 5% de probabilidade por DMRT

4.5.8.1.3 Dez dias após o tratamento

Os dados sobre o número médio de jassídeos por folha aos dez dias após o tratamento da segunda aplicação, juntamente com os respectivos valores de C.D., são apresentados no Quadro 4.15.

O quadro mostra que também se observou uma tendência quase semelhante de resultados aos dez dias após a pulverização, tal como se observou aos três e sete dias após a segunda pulverização. A população mais baixa de 0,46 pulgões por folha foi obtida na parcela tratada com imidaclopride a 0,4 ml por litro e a população mais elevada de 1,53 pulgões por folha foi registada na parcela de controlo não tratada. No que diz respeito aos diferentes biopesticidas testados contra a população de pulgões, a população mais baixa (0,60 pulgões por folha) foi registada na parcela tratada com Pestoneem @ 3 ml por litro, seguida de *V. lecanii* @ 3 ml por litro (0.73 jassid por folha), *B. bassiana* @ 3 ml por litro (0,80 jassid por folha), spinosad @ 0,6 ml por litro (0,86 jassid por folha), e *M. anisopliae* @ 3 ml por litro (0,93 jassid por folha), respetivamente.

Entre os diferentes tratamentos, o imidaclopride contribuiu com a máxima eficácia na redução da população de jassídeos, diferindo significativamente de todos os outros tratamentos, exceto o tratamento Pestoneem. Verificou-se que o tratamento Pestoneem estava ao mesmo nível que o *V. lecanii*. Além disso, não foram observadas diferenças significativas entre os tratamentos de *V. lecanii, B. bassiana* e spinosad, respetivamente. Também se observou que o tratamento *B. bassiana,* spinosad estava a par com *M. anisopliae* na redução da população de jassídeos dez dias após o tratamento.

4.5.9 Efeito de diferentes tratamentos na população de escaravelhos da pulga

4.5.9.1 Após a primeira pulverização

4.5.9.1.1 Três dias após o tratamento

Os dados sobre o número médio de escaravelhos por planta aos três dias após o tratamento da primeira aplicação, juntamente com os respectivos valores C.D., são apresentados no Quadro 4.16 .

Os dados revelam que todos os tratamentos foram eficazes na redução da população do escaravelho da pulga em relação ao controlo não tratado. No entanto, o valor mais baixo de 0,26 besouros-pulgas por planta foi registado na parcela tratada com imidaclopride a 0,4 ml por litro. A população mais elevada de escaravelhos da pulga, de 1,33 escaravelhos da pulga por planta, foi obtida na parcela tratada com o controlo não tratado. Entre os diferentes biopesticidas testados contra o escaravelho da pulga, a população mais baixa foi alcançada nas parcelas tratadas com Pestoneem @ 3 ml por litro (0,40 escaravelho da pulga por planta) seguido por spinosad @ 0,6 ml por litro (0,73 por planta), *B. bassiana* @ 3 ml por litro (0,80 por planta), *M. anisopliae* @ 3 ml por litro (0,86 por planta) e *V. lecanii* @ 3 ml por litro (1,0 escaravelho da pulga por planta), respetivamente.

Entre os diferentes tratamentos, verificou-se que o imidaclopride diferia significativamente de todos os outros tratamentos, exceto do Pestoneem. Além disso, não foram observadas diferenças significativas entre os tratamentos de spinosad, *B. bassiana* e *M. anisopliae,* respetivamente. Também se observou que o tratamento *com M. anisopliae* estava a par com *V. lecanii* na redução da população do escaravelho da pulga três dias após o tratamento.

4.5.9.1.2 Sete dias após o tratamento

O número médio de besouros-pulgas por planta aos sete dias após o tratamento da primeira aplicação de pulverização, juntamente com seus respectivos valores de C.D., são apresentados na Tabela 4.16.

Os dados revelam que todos os tratamentos foram superiores na redução da população do escaravelho da pulga em relação ao controlo. No entanto, o valor mais baixo de 0,46 besouros-pulgas por planta foi registado na parcela tratada com imidaclopride @ 0,4 ml por litro e o valor mais elevado de 1,20 besouros-pulgas por planta foi obtido na parcela tratada com a testemunha não tratada. Os diferentes biopesticidas testados contra a população de besouros da pulga, o menor foi alcançado no tratamento que recebeu Pestoneem @ 3 ml por litro (0,53 besouro da pulga por planta) seguido por spinosad @ 0,6 ml por litro (0,60 por planta), *B. bassiana* @ 3 ml por litro (0,69 por planta), *M. anisopliae* @ 3 ml por litro (0,73 por planta) e *V. lecanii* @ 3 ml por litro (0,86 besouro da pulga por planta), respetivamente.

No entanto, o tratamento com imidaclopride foi considerado o melhor, mas foi igual ao Pestoneem e ao spinosad. Não foram observadas diferenças significativas entre os tratamentos de Pestoneem, spinosad, *B. bassiana* e *M. anisopliae*, exceto *V. lecanii,* respetivamente.

4.5.9.1.3 Dez dias após o tratamento

Os dados sobre o número médio de escaravelhos por planta aos dez dias após o tratamento da primeira aplicação, juntamente com os respectivos valores C.D., são apresentados no Quadro 4.16.

É evidente a partir da tabela que uma tendência semelhante de resultado também foi observada aos dez dias após a pulverização, como observado aos três e sete dias após a primeira pulverização. No entanto, o valor mais baixo de 0,73 besouros-pulgas por planta foi registado na parcela tratada com imidaclopride a 0,4 ml por litro. O maior número de besouros-pulgas foi de 1,53 por planta, obtido na parcela tratada com o controlo não tratado. Entre os diferentes biopesticidas testados contra a população do escaravelho da pulga, a população mais baixa foi alcançada no tratamento Pestoneem @ 3 ml por litro (0,80 escaravelho da pulga por planta). Seguiram-se o spinosad @ 0,6 ml por litro (0,86 por planta), *B. bassiana* @ 3 ml por litro (0,93 por planta), *M. anisopliae* @ 3 ml por litro (1,0 por planta) e *V. lecanii* @ 3 ml por litro (1,06 besouro da pulga por planta), respetivamente.

Entre os diferentes tratamentos testados na experiência, verificou-se que o imidaclopride estava ao mesmo nível que o Pestoneem e o spinosade, mas diferia significativamente dos restantes tratamentos com biopesticidas. Além disso, não se observaram diferenças significativas entre os tratamentos de spinosad, *B. bassiana* e *M. anisopliae*, exceto *V. lecanii*, enquanto *B. bassiana* e *M. anisopliae* estavam ao mesmo nível que *V. lecanii,* respetivamente.

first spray during 2014-15

Treatments	Dose	Pre treatment count	Post treatment count		
			3 DAT	7DAT	10DAT
T$_1$= *Metarrhizium anisopliae*	3 ml/litre	1.06	0.86^{bc}	0.73^{bc}	1.0^{bc}
T$_2$=*Beuveria bassiana*	3 ml/litre	1.0	0.80^{c}	0.69^{bc}	0.93^{bcd}
T$_3$= *Verticillium lecanii*	3 ml/litre	1.20	1.0^{b}	0.86^{b}	1.06^{b}
T$_4$= Pestoneem	3 ml/litre	1.60	0.40^{d}	0.53^{cd}	0.80^{de}
T$_5$= Spinosad	0.6ml/litre	1.33	0.73^{c}	0.60^{cd}	0.86^{cde}
T$_6$= Imidacloprid	0.4ml/litre	1.26	0.26^{d}	0.46^{d}	0.73^{e}
T$_7$= Control (water spray)	-	1.13	1.33^{a}	1.20^{a}	1.53^{a}
S.Ed. (±)		0.20	0.08	0.11	0.07
CD$_{(0.05)}$		NS	0.18	0.21	0.16

Quadro 4.16 Efeito dos diferentes tratamentos na população de *Monolepta signata* após

DAT: Dias após o tratamento

Dados baseados na média de 3 repetições (5 plantas/parcela)

NS: Não significativo

As médias dos tratamentos seguidas de uma letra comum não diferem significativamente entre si a 5% de probabilidade por DMRT

4.5.10 Efeito de diferentes tratamentos na população de escaravelhos da pulga

4.5.10.1 Após a segunda pulverização

4.5.10.1.1 Três dias após o tratamento

Os dados sobre o número médio de besouros-pulgas por planta três dias após o tratamento da segunda aplicação da segunda pulverização, juntamente com seus respectivos valores de C.D., são apresentados na Tabela 4.17.

Os dados mostram que todos os tratamentos foram eficazes em relação ao controlo não tratado na redução da população do escaravelho da pulga.

Treatments	Doses	Pre treatment count	Post treatment count		
			3 DAT	7DAT	10DAT
T$_1$= *Metarrhizium anisopliae*	3 ml/litre	1.20	1.0^b	0.80^{bc}	0.93^b
T$_2$=*Beuveria bassiana*	3 ml/litre	1.13	0.66^c	0.73^{bcd}	0.86^{bc}
T$_3$= *Verticillium lecanii*	3 ml/litre	1.33	1.06^b	0.93^b	1.0^b
T$_4$= Pestoneem	3 ml/litre	1.26	0.46^{de}	0.53^{cde}	0.66^{cd}
T$_5$= Spinosad	0.6ml/litre	1.0	0.53^{cd}	0.60^{cde}	0.73^{cd}
T$_6$= Imidacloprid	0.4ml/litre	0.93	0.33^e	0.46^e	0.60^d
T$_7$= Control (water spray)	-	1.40	1.46^a	1.60^a	1.46^a
S.Ed. (±)		0.18	0.08	0.12	0.07
CD$_{0.05}$		NS	0.18	0.22	0.15

Quadro 4.17 Efeito dos diferentes tratamentos na população de *Monolepta signata* após a segunda pulverização em 2014-15

DAT: Dias após o tratamento

Dados baseados na média de 3 repetições (5 plantas/parcela)

NS: Não significativo

As médias dos tratamentos seguidas de uma letra comum não diferem significativamente entre si a 5% de probabilidade por DMRT

No entanto, o valor mais baixo de 0,33 besouros-pulgas por planta foi registado na parcela tratada com imidaclopride @ 0,4 ml por litro e o valor mais alto de 1,46 besouros-pulgas por planta foi obtido nas parcelas de controlo não tratadas. Dos diferentes biopesticidas, a menor população de escaravelho foi registada no tratamento com Pestoneem @ 3 ml por litro (0,46 escaravelho por planta)

que foi seguido por spinosad @ 0,6 ml por litro (0,53 por planta), *B. bassiana* @ 3 ml por litro (0,66 por planta), *M. anisopliae* @ 3 ml por litro (1,0 por planta) e *V. lecanii* @ 3 ml por litro (1,06 besouro da pulga por planta), respetivamente.

Além disso, entre os diferentes tratamentos, o imidaclopride teve um efeito significativo na redução da população do escaravelho da pulga em comparação com todos os outros tratamentos, exceto o Pestoneem, mas o Pestoneem também foi igual ao tratamento que recebeu spinosad. Além disso, não foi observada nenhuma diferença significativa entre os tratamentos com spinosad e *B. bassiana*. Também se observou que o tratamento *M. anisopliae* estava a par com *V. lecanii* na redução da população do escaravelho da pulga três dias após o tratamento com a mesma dose.

4.5.10.1.2 Sete dias após o tratamento

O número médio de besouros-pulgas por planta aos sete dias após o tratamento da segunda aplicação, juntamente com os respectivos valores de C.D., são apresentados no Quadro 4.17.

Os dados revelam que todos os tratamentos foram eficazes na redução da população de besouros da pulga em relação ao controlo não tratado. O valor mais baixo de 0,46 besouros-pulgas por planta foi registado na parcela tratada com imidaclopride @ 0,4 ml por litro e o valor mais elevado de 1,60 besouros-pulgas por planta foi obtido na parcela tratada com a testemunha não tratada. Entre os diferentes biopesticidas, a população mais baixa foi registada no tratamento com Pestoneem @ 3 ml por litro (0,53 escaravelho por planta) e foi seguida por spinosad @ 0,6 ml por litro (0,60 por planta), *B. bassiana* @ 3 ml por litro (0,73 por planta), *M. anisopliae* @ 3 ml por litro (0,80 por planta) e *V. lecanii* @ 3 ml por litro (0,93 escaravelho por planta), respetivamente.

Verificou-se que o tratamento com imidaclopride estava ao mesmo nível que o Pestoneem e o spinosade, mas diferia significativamente dos restantes tratamentos com biopesticidas. Não foram observadas diferenças significativas entre os tratamentos de Pestoneem, spinosad, *B. bassiana* e *M. anisopliae*, exceto *V. lecanii,* respetivamente.

4.5.10.1.3 Dez dias após o tratamento

Os dados sobre o número médio de escaravelhos por planta aos dez dias após o tratamento da segunda aplicação, juntamente com os respectivos valores C.D., são apresentados no Quadro 4.17.

O quadro mostra que, dez dias após a pulverização, foi observada uma tendência semelhante à observada três e sete dias após a segunda pulverização. No entanto, o valor mais baixo de 0,60 besouros-pulgas por planta foi registado na parcela tratada com imidaclopride a 0,4 ml por litro e o valor mais elevado de 1,46 besouros-pulgas por planta foi obtido na parcela de controlo não tratada. Entre os diferentes biopesticidas, a população mais baixa foi alcançada no tratamento tratado com Pestoneem @ 3 ml por litro (0,66 besouros-pulgas por planta), seguido por spinosad @ 0,6 ml por litro (0,73 por planta), *B. bassiana* @ 3 ml por litro (0,86 por planta), *M. anisopliae* @ 3 ml por litro (0,93 por planta) e *V. lecanii* @ 3 ml por litro (1,0 besouros-pulgas por planta), respetivamente.

Entre os diferentes tratamentos, verificou-se que o tratamento com imidaclopride estava ao mesmo nível que o Pestoneem e o spinosade, mas diferia significativamente dos restantes tratamentos com biopesticidas. Além disso, não se observou uma diferença significativa entre os tratamentos de Pestoneem, spinosad e *B. bassiana*, enquanto *B. bassiana* estava a par com *M. anisopliae* e *V. lecanii*, respetivamente.

4.5.11 Efeito de diferentes tratamentos na população de predadores de coccinelídeos

4.5.11.1 Após a primeira pulverização

4.5.11.1.1 Três dias após o tratamento

Os dados sobre o número médio de predadores coccinelídeos por planta aos três dias após o tratamento da primeira pulverização, juntamente com os respectivos valores de C.D., são apresentados no Quadro 4.18.

Os dados revelam que a maior população de predadores coccinelídeos (1,53 predadores por planta) foi registada na parcela de controlo não tratada, enquanto a menor população de predadores coccinelídeos (0,13 por planta) foi registada na parcela tratada com imidaclopride @ 0.4 ml por litro, seguido por Pestoneem @ 3 ml por litro (0,53 predadores por planta), *M. anisopliae* @ 3 ml por litro (0,80 por planta), *V. lecanii* @ 3 ml por (0,86 por planta) e *B. bassiana* @ 3 ml por litro (0,93 por planta) e spinosad @ 0,6 ml por litro (1,06 predadores por planta), respetivamente.

Os dados indicaram que a população máxima de predadores coccinelídeos foi registada nas parcelas tratadas com spinosad e foi igual à dos tratamentos de *B. bassiana*. No entanto, não foram observadas diferenças significativas entre os tratamentos de *M. anisopliae, V. lecanii* e *B. bassiana,* respetivamente. Além disso, a população mais baixa registou-se na parcela tratada com imidaclopride, que diferiu significativamente de todos os outros tratamentos.

Treatments	Dose	Pre treatment count	Post treatment count		
			3 DAT	7DAT	10DAT
T_1= *Metarrhizium anisopliae*	3 ml/litre	1.0	0.80^c	0.53^e	0.86^d
T_2=*Beuveria bassiana*	3 ml/litre	1.06	0.93^{bc}	0.80^{bc}	1.13^{bc}
T_3= *Verticillium lecanii*	3 ml/litre	1.33	0.86^c	0.60^{de}	0.93^d
T_4= Pestoneem	3 ml/litre	1.60	0.53^d	0.73^{cd}	1.0^{cd}
T_5= Spinosad	0.6 ml/litre	1.20	1.06^b	0.93^b	1.26^b
T_6= Imidacloprid	0.4ml/litre	1.40	0.13^e	0.26^f	0.40^e
T_7= Control (water spray)	-	1.13	1.53^a	1.66^a	2.13^a
S.Ed. (±)		0.26	0.06	0.07	0.08
CD$_{(0.05)}$		NS	0.15	0.16	0.17

Quadro 4.18 Efeito dos diferentes tratamentos na população de predadores de coccinelídeos após a primeira pulverização em 2014-15

DAT: Dias após o tratamento

Dados baseados na média de 3 repetições (5 plantas/parcela)

NS: Não significativo

As médias dos tratamentos seguidas de uma letra comum não diferem significativamente entre si a 5% de probabilidade por DMRT

4.5.11.1.2 Sete dias após o tratamento

O número médio de predadores coccinelídeos por planta aos sete dias após o tratamento da primeira aplicação da primeira pulverização, juntamente com os respectivos valores de C.D., são apresentados no Quadro 4.18.

Os dados indicaram que a população mais elevada de predadores coccinelídeos (1,66 predadores por planta) foi registada na parcela não tratada, enquanto a população mais baixa de predadores coccinelídeos (0,26 predadores por planta) foi registada na parcela tratada com imidaclopride @ 0,4 ml por litro, seguida de *M. anisopliae* @ 3 ml por litro (0,53 predadores por planta), *V. lecanii* @ 3 ml por litro (0,60 predadores por planta), Pestoneem @ 3 ml por litro (0,73 predadores por planta), *B. bassiana* @ 3 ml por litro (0,80 por planta) e spinosad @ 0,6 ml por litro (0,93 predadores por planta), respetivamente.

Entre os diferentes tratamentos, a população máxima de predadores foi encontrada na parcela tratada com spinosad e estava em pé de igualdade com *B. bassiana*. No entanto, não foram observadas diferenças significativas entre os tratamentos de *M. anisopliae* e *V. lecanii,* enquanto *V. lecanii* também estava em pé de igualdade com Pestoneem. Também se verificou que não foram observadas diferenças significativas entre os tratamentos de Pestoneem e *B. bassiana*.

4.5.11.1.3 Dez dias após o tratamento

Os dados sobre o número médio de predadores coccinelídeos por planta aos dez dias após o tratamento da primeira aplicação da primeira pulverização, juntamente com os respectivos valores de C.D., são apresentados no Quadro 4.18.

Os dados revelaram que a população mais elevada de predadores coccinelídeos (2,13 predadores por planta) foi registada na parcela não tratada, enquanto a população mais baixa de predadores coccinelídeos (0,40 predador por planta) foi registada na parcela tratada com imidaclopride @ 0,4 ml por litro, seguida de *M. anisopliae* @ 3 ml por litro (0,86 predadores por planta), *V. lecanii* @ 3 ml por (0,93 predadores por planta), Pestoneem @ 3 ml por litro (1,0 predadores por planta), *B. bassiana* @ 3 ml por litro (1,13 predadores por planta) e spinosad @ 0,6 ml por litro (1,26 predadores por planta), respetivamente.

A população máxima de predadores foi registada no tratamento com spinosad, que estava ao mesmo nível que *B. bassiana.* No entanto, não foram observadas diferenças significativas entre os tratamentos de *M. anisopliae, V. lecanii* e Pestoneem, enquanto o Pestoneem também estava ao mesmo nível que a *B. bassiana,* respetivamente. A população mais baixa de predadores foi obtida no tratamento com imidaclopride, que diferiu significativamente de todos os outros tratamentos.

4.5.12 Efeito de diferentes tratamentos na população de predadores de coccinelídeos

4.5.12.1 Após a segunda pulverização

4.5.12.1.1 Três dias após o tratamento

Os dados sobre o número médio de predadores coccinelídeos por planta aos três dias após o tratamento da segunda aplicação de pulverização, juntamente com os respectivos valores de C.D., são apresentados no Quadro 4.19.

Entre os diferentes tratamentos, a maior população de predadores coccinelídeos (2,06 predadores por planta) foi registada na parcela não tratada, enquanto a menor população (0,26 por planta) foi registada na parcela tratada com imidaclopride @ 0.4 ml por litro, seguido por Pestoneem @ 3 ml por litro (0,60 por planta), *M. anisopliae* @ 3 ml por litro (1,0 por planta), *V. lecanii* @ 3 ml por litro (1,13 por planta) e *B. bassiana* @ 3 ml por litro (1,20 por planta) e spinosad @ 0,6 ml por litro (1,26 por planta), respetivamente.

A maior população de predadores foi registada na parcela tratada com spinosad. Não foram observadas diferenças significativas entre os tratamentos de *V. lecanii, B. bassiana* e spinosad, respetivamente. No entanto, o tratamento *com M. anisopliae* também foi igual ao de *V. lecanii.*

4.5.12.1.2 Sete dias após o tratamento

Os dados sobre o número médio de predadores coccinelídeos por planta aos sete dias após o tratamento da segunda aplicação, juntamente com os respectivos valores de C.D., são apresentados no Quadro 4.19.

Os dados revelaram que a população mais elevada de predadores coccinelídeos (2,20 predadores por planta) foi registada na parcela de controlo não tratada, enquanto a população mais baixa de 0,40 predadores por planta foi alcançada na parcela tratada com imidaclopride @ 0,4 ml por litro, seguida de *M. anisopliae* @ 3 ml por litro (0,73 predadores por planta), Pestoneem @ 3 ml por litro (0,80 predadores por planta), *V. lecanii* @ 3 ml por litro (0,93 predadores por planta), *B. bassiana* @ 3 ml por litro (1,0 predadores por planta) e spinosad @ 0,6 ml por litro (1,06 predadores por planta), respetivamente.

Entre os diferentes biopesticidas, o tratamento *M. anisopliae* foi igual a Pestoneem e *V. lecanii,* enquanto Pestoneem e *V. lecanii* também foram iguais a *B. bassiana,* respetivamente. No entanto, não foram observadas diferenças significativas entre os tratamentos de *V. lecanii, B. bassiana* e spinosad, respetivamente. Verificou-se que o tratamento com imidaclopride diferia significativamente de todos os outros tratamentos.

4.5.12.1.3 Dez dias após o tratamento

O número médio de predadores coccinelídeos por planta, dez dias após o tratamento da segunda aplicação, juntamente com os respectivos valores C.D., são apresentados no Quadro 4.19. A população mais elevada de predadores coccinelídeos (2,33 predadores por planta) foi registada na parcela não tratada, enquanto a mais baixa (0,66 predadores por planta) foi observada na parcela tratada com imidaclopride @ 0.4 ml por litro, seguido por *M. anisopliae* @ 3 ml por litro (1,13 predadores por planta), *V. lecanii* @ 3 ml por litro (1,26 predadores por planta), Pestoneem @ 3 ml por litro (1,33 predadores por planta), *B. bassiana* @ 3 ml por litro (1,40 por planta) e spinosad @ 0,6 ml por litro (1,46 predadores por planta), respetivamente. É evidente na tabela que não houve diferença significativa entre os tratamentos de *M. anisopliae, V. lecanii* e Pestoneem, enquanto *V. lecanii* e Pestoneem também foram iguais a *B. bassiana e* spinosad, respetivamente. O tratamento com imidaclopride foi significativamente diferente de todos os outros tratamentos, com uma população mais baixa de 0,66 predadores por planta.

4.6 Eficiência predatória de predadores coccinelídeos em *A. gossypii*

Foi realizada uma experiência sobre a eficiência predatória dos predadores coccinelídeos no Laboratório de Biocontrolo, Departamento de Entomologia, AAU, Jorhat. A experiência foi realizada com cinco réplicas, oferecendo cinquenta números de afídeos a cada um dos predadores e as observações foram efectuadas a intervalos de vinte e quatro horas (24). As observações foram efectuadas durante dez dias. O quadro 4.20 sugere que, em condições de laboratório, foi encontrada uma taxa de predação de 52,48% em intervalos de 0-24 horas no caso de *C. sexmaculata* e de 63,2% no caso de *C. transversalis*. A experiência também mostrou que *A. gossypii* foi a presa preferida pelos predadores coccinelídeos.

Treatments	Dose	Pre treatment count	Post treatment count		
			3 DAT	7DAT	10DAT
T$_1$= *Metarrhizium anisopliae*	3 ml/litre	1.40	1.0^c	0.73^d	1.13^c
T$_2$=*Beuveria bassiana*	3 ml/litre	1.60	1.20^b	1.0^{bc}	1.40^b
T$_3$= *Verticillium lecanii*	3 ml/litre	1.46	1.13^{bc}	0.93^{bcd}	1.26^{bc}
T$_4$= Pestoneem	3ml/litre	1.80	0.60^d	0.80^{cd}	1.33^{bc}
T$_5$= Spinosad	0.6 ml/litre	1.66	1.26^b	1.06^b	1.46^b
T$_6$= Imidacloprid	0.4ml/litre	1.13	0.26^e	0.40^e	0.66^d
T$_7$= Control (water spray)	-	1.93	2.06^a	2.20^a	2.33^a
S.Ed. (±)		0.23	0.07	0.10	0.10
CD $_{(0.05)}$		NS	0.16	0.22	0.23

Quadro 4.19 Efeito dos diferentes tratamentos na população de predadores de coccinelídeos após a segunda pulverização em 2014-15

DAT: Dias após o tratamento

Dados baseados na média de 3 repetições (5 plantas/parcela)

NS: Não significativo

As médias dos tratamentos seguidas de uma letra comum não diferem significativamente entre si a 5% de probabilidade por DMRT

Days of observations	Number of aphids offered per predator	Average number of *A. gossypii* consumed by the predator between time interval (0-24h) and their predatory efficiency			
		Cheilomenes sexmaculata		*Coccinella transversalis*	
		Average number of aphid consumed per predator	Predatory efficiency	Average number of aphid consumed per predator	Predatory efficiency
Day1	50	20.4	40.8	28.6	57.2
Day1	50	23.6	47.2	29.2	58.4
Day3	50	27.6	55.2	32.4	64.8
Day 4	50	29.4	58.8	34.6	69.2
Day 5	50	29.6	59.2	34.2	68.4
Day 6	50	29.2	58.4	31.6	63.2
Day 7	50	28.4	56.8	32.8	65.6
Day 8	50	25.6	51.2	30.6	61.2
Day 9	50	26.4	52.8	28.2	56.4
Day10	50	22.2	44.4	33.8	67.6
Total	2500	262.4	524.8	316	632
Mean		26.24	52.48	31.6	63.2

Quadro 4.20 Eficiência predatória de predadores coccinelídeos sobre *Aphis gossypii*

4.7 Rácio custo-benefício dos diferentes tratamentos

A relação custo-benefício dos vários tratamentos, juntamente com os respectivos rendimentos, é apresentada no quadro 4.21. O tratamento inseticida teve um efeito significativo na redução das pragas de insectos de *Bhut Jolokia* e no aumento do rendimento da cultura. As parcelas tratadas com imidaclopride @ 0,4 ml por litro contribuíram com o rendimento máximo (1900 kg por ha), seguidas por Pestoneem @ 3 ml por litro (1100 kg por ha), *V. lecanii* © 3 ml por litro (920 kg por ha), spinosad @ 0,6 ml por litro (869 kg por ha), *B. bassiana* @ 3 ml por litro (840 kg por ha) e *M.*

anisopliae @ 3 ml por litro (800 kg por ha). O rendimento mais baixo foi obtido nas parcelas de controlo não tratadas (450 kg por ha). Ao calcular a relação custo-benefício dos diferentes tratamentos, o maior benefício foi obtido com o imidaclopride (1:4,16). No entanto, entre os diferentes biopesticidas, o maior benefício foi obtido nas parcelas tratadas com Pestoneem (1:2,38), seguido por *V. lecanii* (1:2), *B. bassiana* (1:1,83), spinosad (1:1,82) e *M. anisopliae* (1:1,74), respetivamente.

Treatments	No. of sprays	*Yield (kg/ha)	Return (Rs./ha)	Cost of Treatments (Rs/ha)	Cost of Labour (Rs./ha)	**Total cost (Rs/ha)	Cost Benefit Ratio
T_1=*Metarrhizium anisopliae*	2	800	224000	675/spray	402/spray	2154	1:1.74
T_2=*Beuveria bassiana*	2	840	235200	675/spray	675/spray	2154	1:1.83
T_3=*Verticillium lecanii*	2	920	257600	900/spray	402/spray	2604	1:2
T_4=Pestoneem	2	1100	308000	700/spray	402/spray	2904	1:2.38
T_5=Spinosad	2	869	243320	3200/spray	402/spray	7204	1:1.82
T_6=Imidacloprid	2	1900	532000	400/spray	402/spray	1604	1:4.16
T_7=Control (water spray)	-	450	126000	-	-	-	

Quadro 4.21 Avaliação do rácio custo-benefício dos diferentes tratamentos
*Total de 6 colheitas

**Custo total da proteção das plantas com base em duas séries de tratamentos

Para uma ronda de tratamento = Custo dos insecticidas /ha (Rs/ha) + Custo da mão de obra (3 trabalhadores /dia @Rs 134/trabalhador)

Preço de mercado do *Bhut Jolokia a* 280 rúpias por kg.

CAPÍTULO 5

DISCUSSÃO

As pragas de insectos da *Bhut Jolokia* são consideradas como um dos principais problemas em Assam. Tendo em conta a gravidade das pragas, a presente investigação sobre a incidência sazonal e a gestão das pragas de insectos de *Bhut Jolokia, Capsicum chinense* Jacq. foi realizada com o objetivo de avaliar a eficácia de certos biopesticidas contra as pragas de *Bhut Jolokia*. Os principais resultados obtidos no presente estudo são apresentados em seguida.

5.1 Complexo de pragas e inimigos naturais de *Bhut Jolokia*

Na presente investigação, foi registado um total de sete insectos diferentes pertencentes a cinco ordens e sete famílias, incluindo predadores associados à *Bhut Jolokia* durante toda a época de cultivo da cultura. Com base no aumento da população e no grau de danos, os insectos foram classificados como pragas principais e secundárias de *Bhut Jolokia*. Os insectos, *nomeadamente* o bicho-da-corte *(Ag rotis ipsilon* Hufnagel), o pulgão *(Aphis gossypii* Glover), o tripes *(Scirtothrips dorsalis* Hood) e o ácaro *(Polyphagotarsonemuus latus* Banks), foram encontrados em números consideráveis e a sua influência foi elevada na *Bhut Jolokia*, em comparação com o jassídeo *(Amrasca biguttula biguttula* Ishida) e o escaravelho *(Monolepta signata* Oliveir). Das seis pragas de insectos diferentes, *A. ipsilon, A. gossypii, S. dorsalis* e *P. latus* foram registadas como as principais pragas. Anteriormente, vários trabalhadores de diferentes regiões da Índia relataram uma série de pragas de insectos que atacavam a cultura da malagueta durante diferentes fases de crescimento. Reddy e Puttaswamy (1985) referiram que, em Karnataka, um total de 51 espécies de insectos e 2 espécies de ácaros pertencentes a 27 famílias e 9 ordens infestavam a cultura da malagueta. Ahmed *et al.* (1987) observaram que as principais pragas da malagueta eram *P. latus, S. dorsalis* e o noctuídeo *Spodoptera litura*, que causaram uma redução global da produção de até 76,6% em Andhra Pradesh. Do mesmo modo, Venzon *et al.* (2006)

enumeraram as principais pragas da malagueta, que incluem ácaros, nomeadamente *P. latus, Tetranychus spp, A. gossypii, S. dorsalis,* mosca branca, *Bemisia tabaci, gelequídeo, Gnorimoschema barsoniella, Neosilba spp* e *A. ipsilon.* Roopa e Kumar (2014) registaram um total de dez espécies de pragas de insectos e ácaros pertencentes a oito famílias diferentes em seis ordens diferentes em malaguetas da região de Bangalore.

Para além das pragas, foi também observado um total de cinco espécies diferentes de predadores coccinelídeos*, nomeadamente Coccinella tranversalis* F., *Brumoides suturalis* (F.), *Micraspis discolor* (F.), *Coccinella septempunctata* L. e *Cheilomenes sexmaculata* F. durante o período de estudo, predando ninfas e adultos de A. *gossypii.* Da mesma forma, Agarwal e Raychaudhuri (1981) relataram que o complexo A. *gossypii* foi predado principalmente por *C. septumpunctata* L. Uma lista de seis predadores coccinelídeos*, a saber, C. transversalis* F., *M. discolor* (F.), *B. suturalis* (F.), *C. septempunctata* L., *C. sexmaculata* F., *Harmania dimidiate* F. também foram registados em Assam como inimigos naturais associados a pragas sugadoras de Brinjal (Kalita *et al.,* 1998). Na Malásia, um total de cinco espécies de coccinelídeos*, nomeadamente Menochilus sexmaculatus* F., *Coelophora inaequialis* (F.), *C. transversalis* F., *H. occtomaculata* (F.) e *Coelophora bissellatta* (Mulsant), foi associado a pragas sugadoras da malagueta, tal como referido por Rahman *et al.* (2010).

5.2 Incidência de alguns insectos pragas e predadores importantes de *Bhut Jolokia* e seus estudos de correlação com parâmetros meteorológicos durante 2014 e 2014-15

5.2.1 Incidência do bicho-da-farinha *A. ipsilon* e sua relação com parâmetros meteorológicos

A atividade do bicho-da-farinha foi observada em culturas recentemente transplantadas a partir da segunda semana de fevereiro de 2014 e na quarta semana de dezembro de 2014-15. O pico de incidência foi registado durante a quarta semana de fevereiro de 2014 e na terceira semana de janeiro de 2015, com uma média de 0,6 bicho-da-farinha por planta. Não se registou mais incidência de bicho-da-farinha durante as fases posteriores do crescimento da cultura em ambas as estações. Da mesma forma, Das e Ram (1988) relataram que a incidência de *A. ipsilon* começou na terceira semana de dezembro e aumentou depois disso até à segunda semana de janeiro. Zidan *et al.* (1998) observaram que a densidade da praga era mais elevada durante o inverno e mais baixa durante o verão no Egito.

No presente estudo, os estudos de correlação revelaram uma correlação negativa significativa associada à temperatura máxima (r =-0,708, r =- 0,502) e à temperatura mínima (r =-0,719, r =-0,616) durante ambas as estações de investigação. Os estudos indicaram, no entanto, uma correlação positiva do bicho-da-farinha com as horas de sol brilhante (r =0,235, r =0,239). Foi também observada uma correlação negativa não significativa da população de parasitas com a humidade relativa (r =-0,120, r =-0,306) e a precipitação total (r =-0,438, r =-0,295). Isto indica que um aumento da temperatura, da precipitação total e da humidade relativa média levaria à supressão da população da praga, ao passo que horas de sol brilhante favoreceriam o crescimento e o desenvolvimento da população da praga. Os resultados actuais estão em conformidade com Sonatakke *et al.* (1989), que referiram que a temperatura estava significativamente correlacionada com a incidência da população de *A. ipsilon*. De acordo com Giraddi *et al.* (1997), a temperatura mínima também afectou significativamente a atividade da praga.

5.2.2 Incidência do afídeo *A. gossypii* e sua relação com parâmetros meteorológicos

O primeiro aparecimento do pulgão foi observado a partir da quarta semana de fevereiro de 2014, mas foi a partir da segunda semana de janeiro de 2015. Verificou-se que o inseto era maior na fase inicial do crescimento da cultura. Do mesmo modo, Mall *et al.* (1992) observaram o aparecimento de *A. gossypii* nas fases iniciais da cultura de brinjal. O período de pico de atividade do pulgão foi observado durante março, com uma média de 6,8 por folha durante 2014, contra 7,2 por folha durante 2015. No entanto, A. *gossypii* permaneceu ativo durante toda a estação com uma população flutuante que variou de 0,60 a 6,80 por folha durante 2014 e 0,40 a 7,2 por folha durante 2014-2015, respetivamente. Os presentes resultados não estão em conformidade com Meena *et al.* (2013), segundo os quais o pico da população de pulgões (9,30 pulgões/31 folhas/planta) na malagueta ocorreu durante a segunda semana de setembro em Rajasthan. Esta variação pode dever-se ao genótipo da variedade de cultura e às condições climáticas prevalecentes em diferentes locais.

Os estudos de correlação indicaram uma correlação positiva significativa associada à temperatura máxima ($r = 0,526$, $r = 0,511$) durante ambas as estações. No entanto, também se observou uma correlação positiva da população de afídeos com a temperatura mínima ($r = 0,130$, $r = 0,141$) e com as horas de sol brilhante ($r = 0,431$, $r = 0,009$), respetivamente. Foi também registada uma correlação negativa não significativa (($r = -0,487$, $r = -0,345$) da população de afídeos com a precipitação total. Além disso, a humidade relativa média mostrou uma associação negativa significativa ($r = -0,696$) com a população de afídeos durante a primeira época de investigação. Também se observou um impacto negativo não significativo ($r = -0,082$) da população de afídeos com a humidade relativa média durante a segunda época de investigação. Isto indica que um aumento da precipitação total e da humidade relativa média levaria à supressão da população de parasitas, ao passo que o aumento da temperatura favoreceria o crescimento e o desenvolvimento da população de parasitas. Esta observação também foi feita por Mall *et al.* (1992) e, segundo eles, as populações de pulgões mostraram uma associação negativa significativa com a humidade relativa e uma associação negativa não significativa com a precipitação total. Prasad e Longiswarans (1997) registaram uma correlação positiva com a temperatura máxima e uma associação negativa com a precipitação durante o verão e o inverno. Tomar (2010) também encontrou uma correlação positiva da população de afídeos com a temperatura máxima e mínima no algodão. Do mesmo modo, Wains *et al.* (2010) também registaram uma correlação positiva da população de afídeos com a temperatura máxima e uma correlação negativa com a humidade relativa em trigo mole.

5.2.3 Incidência de tripes, *S. dorsalis* e sua relação com parâmetros meteorológicos

A atividade dos tripes foi observada a partir da quarta semana de fevereiro em

2014, mas da última semana de janeiro à primeira semana de fevereiro em 2015. O período de pico de atividade foi observado durante a primeira semana de abril (1,4 tripes por folha) em 2014 e em 2015 foi na terceira semana de março (1,53 por folha). Posteriormente, observou-se que a atividade da praga flutuou em vários intervalos de tempo e não foram observados tripes durante a primeira semana de maio em ambas as estações. Senapati e Mohanti, (1980) referiram que a incidência de tripes era mais elevada durante os meses de janeiro a março em Orissa. No entanto, Velayudhan *et al.* (1985) observaram que o declínio dramático das populações de tripes ocorreu durante maio-junho. De acordo com Borah (1987), a incidência de *S. dorsalis* na malagueta foi severa de setembro a janeiro na região Norte Oriental.

No que respeita aos parâmetros meteorológicos, observou-se que a temperatura máxima apresentou uma correlação positiva significativa (r = 0,575, r = 0,640) com a população de tripes durante ambos os períodos de estudo. A temperatura mínima (r = 0,140, r = 0,247) e as horas de sol brilhante (r = 0,390, r = 0,108) também tiveram um impacto positivo na população de tripes. No entanto, também foi observado um impacto negativo significativo da humidade relativa (r = -0,686) e da precipitação total (r = -0,514) na população de tripes durante 2014, mas não foi significativo durante 2014-2015. Os dados indicam que o aumento da população de tripes foi afetado negativamente pela precipitação e pela humidade relativa média, mas o aumento da temperatura favoreceu o crescimento e o desenvolvimento da população de pragas. Este padrão de relação também foi relatado por Patnaik *et al.* (1986) e, de acordo com eles, o pico da população de tripes da malagueta foi encontrado durante o mês de janeiro, enquanto a humidade relativa e a precipitação estavam negativamente correlacionadas com a população de tripes, mas a variação da temperatura diurna estava positivamente correlacionada. Bagle (1993) também referiu que a temperatura máxima tinha uma correlação positiva altamente significativa com a população de tripes na romã. Patel (2009) observou o pico de atividade dos tripes em fevereiro-março e verificou uma relação positiva significativa com as horas de sol brilhante e a temperatura máxima, ao passo que foi encontrada uma correlação negativa significativa com a humidade relativa média. De acordo com Pathipati *et al.* (2014), a população de tripes apresentou uma correlação positiva com a temperatura máxima e uma correlação negativa com a humidade relativa matinal e vespertina e a precipitação. Todos estes resultados estão em conformidade com os presentes resultados.

5.2.4 Incidência do ácaro *P. latus* e sua relação com parâmetros meteorológicos

A praga começou a aparecer a partir da quarta semana de fevereiro em 2014 e em 2015 foi observada a partir da quarta semana de janeiro. O período de pico de atividade foi durante a quarta semana de abril (28,0 ácaros por folha) em 2014 e em 2015 foi durante a terceira semana de março (26,6 ácaros por folha). Posteriormente, a população diminuiu em fases posteriores do crescimento da cultura, quando a cultura estava a envelhecer em direção à maturidade. Moth (1976) também relatou resultados semelhantes, indicando que a infestação máxima por *P. latus* em chilli foi encontrada durante as fases iniciais da cultura. Patil e Nandihalli (2009) também referiram que o pico de atividade de *P. latus* na malagueta se verificou durante abril-maio, no verão.

Nos estudos de correlação, a temperatura máxima (r = 0,500, r = 0,510) exerceu uma correlação positiva significativa com a população de ácaros durante ambas as estações de investigação. Foi também observado um impacto negativo significativo da humidade relativa (r =-0,746) e da precipitação total (r =-0,499) na população de ácaros durante 2014, mas não foi significativo (r =-0,148) e (r =- 0,248)) durante 2014-15, respetivamente. No entanto, as horas de sol brilhante (r = 0,479, r = 0,175) mostraram uma correlação positiva não significativa com a população de ácaros em ambas as estações. No entanto, estes resultados estão em conformidade com Butani (1976), que relatou que a incidência da população de ácaros mostrou uma correlação negativa com a temperatura mínima e a humidade relativa da manhã e uma correlação positiva com as horas de sol brilhante, respetivamente. Lingeri *et al.* (1998) também observaram que a população de ácaros apresentava uma correlação positiva significativa com a temperatura máxima e uma correlação negativa com a humidade relativa e a precipitação total. Tonet *et al.* (2000) também observaram que a temperatura mínima e a precipitação estavam negativamente correlacionadas com a população de ácaros. Bhede *et al.* (2008) referiram que a correlação da temperatura mínima, da humidade relativa da manhã e da tarde com a população de ácaros era negativa e não significativa.

Uma correlação positiva significativa da temperatura com a população de ácaros no pimento foi também observada por Montasser *et al.* (2011). Singh e Singh 2012) também referiram que a precipitação tinha uma correlação negativa com a população de ácaros. Todos estes resultados estão em conformidade com os presentes resultados.

5.2.5 Incidência do jassídeo, *A. biguttula biguttula* e sua relação com parâmetros meteorológicos

A incidência de pragas foi inicialmente observada na cultura transplantada a partir da primeira semana de março em 2014 e a partir da primeira semana de fevereiro em 2015. A praga permaneceu ativa durante toda a época de cultivo em ambos os anos. Trabalhadores anteriores (Mall *et al.*, 1992 e Dhamdere *et al.*, 1995) também relataram que a população de jassid apareceu após o transplante e permaneceu flutuante durante toda a temporada. A população aumentou gradualmente e atingiu o pico durante a terceira semana de abril (1,6 jassid por folha) durante 2014 e na segunda semana de março, foi de 1,2 por folha durante 2015. Depois disso, a população diminuiu gradualmente nas fases de frutificação do crescimento da cultura. Esta constatação não está em conformidade com Bansi (2004), que referiu que a população mais elevada de *A. biguttula biguttula* foi de 2,21/3 folhas durante a segunda quinzena de dezembro na malagueta. Esta variação pode ter resultado do genótipo da variedade de cultura, das práticas agronómicas e das condições climáticas prevalecentes em diferentes locais.

Ao comparar a constituição da população de pulgões com os parâmetros meteorológicos, observou-se que a temperatura máxima apresentou uma correlação positiva significativa ($r = 0,524$, $r = 0,536$) com a população de pulgões durante ambas as estações de estudo. A temperatura mínima ($r = 0,175$, $r = 0,128$) e as horas de sol brilhante ($r = 0,400$, $r = 0,191$) apresentaram uma correlação positiva não significativa com a população de jassídeos. No entanto, também foi observado um impacto negativo significativo da humidade relativa ($r = -0,610$) durante 2014, mas não foi significativo ($r = -0,072$) durante 2014-2015. A precipitação total mostrou uma associação negativa não significativa ($r = -0,423$, $r = -0,207$) com a população de jassídeos durante ambos os anos de estudo. Resultados semelhantes também foram relatados por Prasad e

Longiswarm (1997) e, segundo eles, foi observada uma associação positiva significativa da população de jassídeos com a temperatura máxima e uma associação negativa com a precipitação. Tiwari *et al.* (2012) também registaram que a população de A. *biguttula biguttula* apresentou uma correlação positiva com a temperatura máxima e mínima da brinjal.

5.2.6 Incidência do escaravelho da pulga, *M. signata* e sua relação com parâmetros meteorológicos

A atividade do escaravelho foi observada a partir da quarta semana de fevereiro de 2014 e, em 2015, a partir da quarta semana de janeiro. O período de pico de atividade foi observado durante a quarta semana de abril de 2014 e na segunda semana de março de 2015, com uma população média de 1,4 besouros por planta em ambas as estações. A incidência máxima do escaravelho foi registada durante o mês de março em ambas as estações. Posteriormente, verificou-se uma tendência decrescente na população e não se registou qualquer besouro da pulga a partir da terceira semana de maio. No entanto, Sorensen (2005) referiu que o escaravelho da pulga actuava como praga menor do pimento na Carolina do Norte.

Nos estudos de correlação, foi observada uma correlação positiva significativa da população de escaravelhos com a temperatura máxima (r = 0,525, r = 0,514) em ambas as estações. No entanto, a temperatura mínima (r = 0,068, r = 0,125) e as horas de sol brilhante (r = 0,444, r = 0,109) apresentaram uma correlação positiva não significativa com a população de insectos. Foi também observada uma associação negativa significativa da humidade relativa (r =-0,683) durante 2014, mas foi encontrada uma correlação negativa não significativa (r =-0,113) durante 2015. A precipitação total exerceu um impacto negativo significativo (r = -0,510) na população do escaravelho da pulga durante 2014, mas não foi significativo (r = -0,333) durante 2015. No entanto, Tumock *et al.* (1987) relataram no Canadá o efeito da temperatura no tempo de emergência de adultos do besouro da pulga da mostarda. Boopathi *et al.* (2012) observaram que *M. signata* apresentou uma correlação positiva com todos os factores meteorológicos em Tamil Nadu. A variação nos resultados pode dever-se à variação das condições climáticas prevalecentes em diferentes regiões.

5.2.7 Incidência de predadores de coccinelídeos e sua relação com parâmetros meteorológicos e população de afídeos

Foram observadas cinco espécies de predadores coccinelídeos durante o período de estudo. O aparecimento de coccinelídeos teve início na quarta semana de fevereiro de 2014 e na terceira semana de janeiro de 2015, com uma população flutuante até à última colheita de frutos. A população de predadores coccinelídeos variou de 0,20 a 1,86 predadores por planta durante 2014 e de 0,20 a 1,80 durante 2014-2015, respetivamente. A população máxima (1,86 predadores por planta) foi registada durante a terceira semana de março, que coincidiu com a temperatura máxima de 28,9°C e a população máxima de pulgões (6,80 pulgões por folha) durante 2014. Da mesma forma, a população máxima (1,80 predadores por planta) foi observada durante a segunda semana de março, com temperatura máxima de 30,5°C e população máxima de pulgões (7,20 pulgões por folha) durante 2015. As presentes constatações sobre o aumento da população de coccinelídeos não estão em conformidade com as constatações de Chandrakumar *et al.* (2008), que referiram que a população máxima de escaravelhos coccinelídeos apareceu no campo durante a primeira semana de dezembro e a segunda semana de janeiro. Lokeshwari *et al.* (2010) observaram quatro espécies importantes de coccinelídeos a predar *A. gossypii*, mas *H. octomaculata* foi observado em maior densidade numérica quando a densidade de afídeos era consideravelmente elevada durante maio e tinha uma correlação positiva com a população de afídeos.

Os estudos de correlação revelaram que houve uma associação positiva significativa de predadores de coccinelídeos com a temperatura máxima (r = 0,540, r = 0,517) e também com a população de pulgões (r = 0,969 e r = 0,956) durante 2014 e 2014-2015, respetivamente. A humidade relativa média (r = -0,661) mostrou uma correlação negativa significativa com as populações de coccinelídeos em 2014, mas não foi significativa (r = -0,093) durante 2014-15. No entanto, a temperatura mínima (r = 0,167, r = 0,159) e as horas de sol brilhante (r = 0,362, r = 0,009) também foram positivamente correlacionadas com as populações de coccinelídeos em ambas as estações. A precipitação total também mostrou um impacto negativo não significativo (r =-0,432, r =-0,246) nas populações de coccinelídeos em ambas as estações. Isto indica que o aumento da temperatura, as horas de sol brilhante e a população de afídeos favoreceram o crescimento e o desenvolvimento de predadores de coccinelídeos, ao passo que a acumulação da população de predadores de coccinelídeos foi afetada negativamente pela precipitação total e pela humidade relativa média. No entanto, Jalali *et al.* (2000) também registaram uma correlação positiva entre presas e predadores. Esta associação positiva entre a temperatura e o predador também foi documentada por Veeravel e Jaganathan (2002). Meena e Kanwat (2010) observaram que a humidade relativa apresentava uma correlação negativa significativa, enquanto a precipitação apresentava uma correlação negativa não significativa com as populações de coccinelídeos. No entanto, todos estes resultados apoiam as presentes conclusões.

5.3 Avaliação da eficácia de certos biopesticidas contra as pragas e os predadores de *Bhut Jolokia* durante 2014-2015

Na presente investigação, os tratamentos foram impostos duas vezes para a gestão de pragas de insectos de *Bhut Jolokia*. O primeiro tratamento foi efectuado 30 dias após a transplantação da cultura, enquanto o segundo tratamento foi efectuado 15 dias após o primeiro tratamento.

Nos presentes estudos, *Metarrhizium anisopliae* @ 3 ml por litro, *Beuveria bassiana* @ 3 ml por litro, *Verticillium lecanii* @ 3 ml por litro, Pestoneem @ 3 ml por litro, spinosad @ 0,6 ml por litro e um inseticida i.e. imidacloprid @ 0,4 ml por litro foram introduzidos para avaliar a sua eficácia contra os insectos pragas de *Bhut Jolokia*. O imidaclopride, um inseticida líquido solúvel, foi utilizado como padrão.

5.3.1 Efeito de diferentes tratamentos no afídeo *A. gossypii*

Todos os tratamentos foram superiores na redução da população de pulgões em relação ao controlo não tratado. Mas o tratamento inseticida provocou uma redução altamente significativa da população de pulgões em relação ao controlo. Foram observadas tendências quase semelhantes na eficácia dos diferentes tratamentos após ambas as pulverizações.

Após a primeira aplicação, a menor população de pulgões foi registada na parcela tratada com imidaclopride @ 0,4 ml por litro (0,53, 0,93 e 1,40 pulgões por folha aos três, sete e dez dias após o tratamento). Entre os biopesticidas, a população mais baixa foi obtida com Pestoneem @ 3 ml por litro (2,60. 2,20 e 2,46 pulgões por folha aos três, sete e dez dias após o tratamento), seguido por *V. lecanii* @ 3 ml por litro (2,80. 2,46 e 2,76 pulgões por folha aos três, sete e dez dias após o tratamento), respetivamente.

Foi evidente a partir dos dados da segunda aplicação que o imidaclopride @ @ 0,4 ml por litro ainda foi eficaz, dando a menor população de 0,33, 0,60 e 1,26 pulgões por folha aos três, sete e dez dias após o tratamento, respetivamente. O melhor tratamento seguinte foi o Pestoneem, seguido de V. *lecanii, B. bassiana e M. anisopliae*, enquanto o spinosad foi o menos eficaz contra a população de pulgões após a segunda pulverização. Na presente investigação, verificou-se que todos os tratamentos não foram igualmente eficazes no controlo da população de afídeos. Entre os biopesticidas testados, o Pestoneem mostrou resultados promissores, seguido do *V. lecanii*, na redução da população de afídeos. As presentes constatações estão em conformidade com Patil *et al.* (2002), que referiram que o imidaclopride 17.8 SL era altamente eficaz contra o complexo de pragas sugadoras da malagueta. A eficácia de *V. lecanii e B. bassiana* no controlo de *A. gossypii* foi também referida por Loueiro *et al.* (2006). No entanto, Akbor *et al.* (2010) relataram que o imidaclopride foi o melhor tratamento seguido da azadiractina para o controlo de A. *gossypii*. A maior mortalidade do pulgão da malagueta foi alcançada com a aplicação de imidaclopride três dias após a pulverização do inseticida , conforme relatado por Das, G. (2013).

5.3.2 Efeito de diferentes tratamentos no tripes, *S. dorsalis*

Todos os tratamentos foram eficazes na redução da população de tripes em relação ao controlo não tratado. Foi observada uma tendência quase semelhante nas eficácias dos diferentes tratamentos após ambas as pulverizações.

A menor população de tripes foi registada na parcela tratada com imidaclopride @ 0,4 ml por litro (0,40, 0,66 e 1,0 tripes por folha aos três, sete e dez dias após a primeira pulverização) e (0,33, 0,53 e 0,80 tripes por folha após a segunda pulverização). A segunda população mais baixa foi obtida em Pestoneem @ 3 ml por litro (1,40, 1,26 e 1,80 tripes por folha aos três, sete e dez dias após a primeira pulverização) e (1,60, 1,20 e 1,53 tripes por folha após a segunda pulverização), seguido por *V. lecanii* @ 3 ml por litro (1,68, 1,33 e 1,93 tripes por folha após a primeira pulverização, 1,80, 1,26 e 1.66 por folha após a segunda pulverização), *B. bassiana* @ 3 ml por litro (1,80, 1,46 e 2,06 por folha após a primeira pulverização e 1,94, 1,40 e 1,84 por folha após a segunda pulverização), *M. anisopliae* @ 3 ml por litro (2,08, 1,73 e 2,13 por folha após a primeira pulverização e 2,06, 1,68 e 2,0 por folha após a segunda pulverização) aos três, sete e dez dias após o tratamento, respetivamente.

Dos biopesticidas, Pestoneem apresentou o melhor resultado seguido por *V. lecanii* e *B. bassiana,* respetivamente. Da mesma forma, Jagdish e Pumima (2011) relataram que a aplicação de NSKE 2% registou 74,37% de mortalidade de tripes. Arthurs *et al.* (2012) observaram a eficácia de *B. bassiana e M. anisopliae* contra *S. dorsalis.* De acordo com Prabhu *et al.* (2014), o imidaclopride 17,8% SL foi significativamente eficaz contra o tripes da malagueta. Todos estes resultados estão em conformidade com os presentes resultados.

5.3.3 Efeito de diferentes tratamentos no ácaro *P. latus*

Todos os tratamentos mostraram um efeito global significativo na redução da população de ácaros após a primeira e a segunda aplicação.

A população mais baixa de ácaros foi registada na parcela tratada com imidaclopride @ 0,4 ml por litro (2,20, 2,40 e 5,73 ácaros por folha aos três, sete e dez dias após a primeira pulverização e 2,40, 2,66 e 3,33 ácaros por folha após a segunda pulverização). A segunda população mais baixa foi obtida em Pestoneem @ 3 ml por litro (2,60, 2,86 e 6,40 ácaros por folha), seguido por *B. bassiana* @ 3 ml por litro (4,33, 3,0 e 6,80 ácaros por folha), spinosad @ 0,6 ml por litro (4,73, 3,20 e 8,93 ácaros por folha). Entre os biopesticidas, a maior população de ácaros foi observada com *M. anisopliae* (5,86, 3,93 e 9,46 ácaros por folha) aos três, sete e dez dias após a primeira aplicação. No entanto, também se observou uma tendência quase semelhante na eficácia dos diferentes biopesticidas após a segunda pulverização. Para além do imidaclopride, entre os biopesticidas, o melhor tratamento contra a população de ácaros de *Bhut Jolokia* foi o Pestoneem. Do mesmo modo, Mote *et al.* (1994) registaram a menor população de ácaros na cultura da malagueta tratada com imidaclopride 200SL. Chakraborti (2000) relatou que a aplicação de um produto à base de neem controlou o ácaro amarelo na malagueta. Além disso, Nugroho e Ibrahim (2007) também relataram que a formulação WP de *B. bassiana* actua como miticida eficaz. Todos estes resultados apoiam as presentes conclusões.

5.3.4 Efeito de diferentes tratamentos no jassídeo, *A. biguttula biguttula*

No presente estudo, observou-se que todos os tratamentos provocaram uma redução significativa da população de jassídeos em relação ao controlo. Foi observada uma tendência semelhante na eficácia dos diferentes tratamentos após ambas as pulverizações. No entanto, verificou-se que o imidaclopride, o Pestoneem e o *V. lecanii* foram altamente eficazes na redução da população de pulgões.

Observou-se que imidacloprid @ 0,4 ml por litro (0,13, 0,19 e 0,26 jassid por folha) foi superior na redução da população de jasid de *Bhut Jolokia*, seguido por Pestoneem @ 3 ml por litro (0,53, 0,40 e 0,46 jassid por folha), *V. lecanii* @ 3 ml por litro (0,73, 0,60 e 0,51 jassid por folha) aos três, sete e dez dias após a primeira aplicação. A partir da segunda aplicação, foi indicado que imidacloprid @ 0,4 ml por litro (0,18, 0,20 e 0,46 jassid por folha) foi superior na redução da população de jasid de *Bhut Jolokia*, seguido por Pestoneem @ 3 ml por litro (0,46, 0,42 e 0,60 jassid por folha), *V. lecanii* @ 3 ml por litro (0,62, 0,45 e 0,73 jassid por folha) aos três, sete e dez dias após o tratamento.

Entre os biopesticidas, o Pestoneem foi o melhor tratamento na redução da população de jassídeos de *Bhut Jolokia*. Harshchandra *et al.* (2008) também registaram a eficácia de V. *lecanii, B. bassiana* e *M. anisopliae* contra a população de A. *biguttula*

biguttula. A eficácia do imidaclopride contra a população de jassídeos também foi observada por Kalyan *et al.* (2012) no algodão.

5.3.5 Efeito de diferentes tratamentos no escaravelho da pulga, *M. signata*

Todos os tratamentos foram eficazes na redução da população do escaravelho da pulga em relação ao controlo não tratado. Foram observadas tendências semelhantes nas eficácias dos diferentes tratamentos após ambas as pulverizações.

Após a primeira aplicação de pulverização, a população mais baixa de besouros-pulgas foi registada na parcela tratada com imidaclopride @ 0,4 ml por litro (0,26, 0,46 e 0,73 besouros-pulgas por planta aos três, sete e dez dias após o tratamento). A segunda população mais baixa foi obtida em Pestoneem @ 3 ml por litro (0,40, 0,53 e 0,80 besouros-pulgas por planta) seguido por spinosad @ 0,6 ml por litro (0,73, 0,60 e 0,86 besouros-pulgas por planta) aos três, sete e dez dias após o primeiro tratamento, respetivamente.

A partir dos dados do segundo, observou-se que o tratamento com imidaclopride a 0,4 ml por litro ainda era eficaz, dando a população mais baixa de 0,33, 0,46 e 0,60 besouros-pulgas por planta aos três, sete e dez dias após o tratamento, respetivamente. Entre os biopesticidas, o Pestoneem apresentou o melhor resultado, registando 0,46, 0,53 e 0,66 besouros-pulgas por planta, seguido de perto pelo spinosad (0,53, 0,60 e 0,73 besouros-pulgas por planta) aos três, sete e dez dias após o tratamento, respetivamente.

5.3.6 Efeito de diferentes tratamentos nos predadores coccinelídeos

Todos os tratamentos tiveram um efeito significativo na população de predadores coccinelídeos. Após a primeira aplicação, observou-se que o tratamento imidacloprid @ 0,4 ml por litro resultou na menor população de predadores com 0,13, 0,26 e 0,40 predadores por planta após três, sete e dez dias de tratamento, respetivamente. Foi seguido por Pestoneem @ 3 ml por litro (0,53 predadores por planta), *M. anisopliae* @ 3 ml por litro (0,80 predadores por planta) após três dias de tratamento. No entanto, a segunda menor população de predadores foi obtida em *M. anisopliae* @ 3 ml por litro com 0,53 e 0,86 predadores por planta após sete e dez dias de tratamento, respetivamente.

Após a segunda aplicação, a população mais baixa de 0,26, 0,40 e 0,66 predadores por planta foi registada na parcela tratada com imidaclopride @ 0,4 ml por litro por ha. O tratamento Pestneem registou 0,60, 0,80 e 1,33 predadores por planta, seguido de *M. anisopliae* com uma população de 1,0, 0,73 e 1,13 predadores por planta após três, sete e dez dias do segundo tratamento com a mesma dose.

A população mais alta foi registada na parcela tratada com spinosad @ 0,6 ml por litro (1,06, 0,93 e 1,26 predador por planta após a primeira pulverização e 1,26, 1,06 e 1,46 por planta após a segunda pulverização) e foi seguida de perto por *B. bassiana* @ 3 ml por litro que registou (0,93, 0,80 e 1,13 predador por planta após a primeira pulverização e 1,20, 1,0 e 1,40 por planta após a segunda pulverização) aos três, sete e dez dias de tratamentos. Entre todos os tratamentos testados, o spinosad @ 0,6 ml por litro foi considerado seguro para o desenvolvimento da população de predadores. Anteriormente, Ghosh *et al.* (2010) relataram que o spinosad a 73 a 84 gm *a.i.* por ha foi considerado muito seguro para *M. sexmaculatus*. Do mesmo modo, Tiwari *et al.* (2011) também referiram que os pesticidas de origem biológica e à base de neem eram relativamente menos nocivos para o inimigo natural do que os insecticidas orgânicos sintéticos mais recentes e convencionais.

5.4 Eficiência predatória de predadores coccinelídeos em *A. gossypii*

O número de afídeos consumidos por diferentes espécies de coccinelídeos predadores, *nomeadamente C. sexmaculata* e *C. transversalis*, foi observado no Laboratório de Biocontrolo, Departamento de Entomologia, AAU, Jorhat. As observações sobre a taxa de predação foram efectuadas a intervalos de vinte e quatro horas durante dez dias. Observou-se que, em média, *C. sexmaculata* podia consumir 26,24 pulgões por dia, enquanto *C. transversalis* consumia 31,60 pulgões por dia. Esses resultados estão em conformidade com Prabhakar e Roy (2010), que relataram que a eficácia alimentar de um único *C. sexmaculata* foi de 25,5 a 31,3 pulgões, enquanto *C. transversalis* foi de 29 a 37,2 pulgões em condições de laboratório em 24 horas. A taxa de predação de *C. sexmaculata* em condições de laboratório foi registada como 52,48%

e no caso de *C. transversalis,* foi de 63,2%, respetivamente.

5.5 Relação custo-benefício dos diferentes tratamentos.

Todos os tratamentos tiveram um efeito significativo na redução das pragas de insectos associadas à *Bhut Jolokia* e no aumento do rendimento da cultura. As parcelas tratadas com imidaclopride @ 0,4 ml por litro contribuíram para o rendimento máximo (1900 kg por ha), que foi seguido de perto por Pestoneem @ 3 ml por litro (1100 kg por ha), *V. lecanii* @ 3 ml por litro (920 kg por ha), spinosad @ 0,6 ml por litro (869 kg por ha), *B. bassiana* @ 3 ml por litro (840 kg por ha) e *M. anisopliae* @ 3 ml por litro (800 kg por ha). O rendimento mínimo (450 kg por ha) foi registado em parcelas de controlo não tratadas.

Ao calcular a relação custo-benefício de cada tratamento, verificou-se que o maior benefício foi obtido com imidaclopride @ 0,4 ml por litro (1:4,16) seguido de Pestoneem @ 3 ml por litro (1:2,38), respetivamente. A maior relação custo-benefício obtida com o tratamento com imidaclopride pode ser atribuída ao seu custo mais baixo. Entre os tratamentos, o imidaclopride 17,8% SL @ 0,4 ml por litro foi o mais barato e o spinosad 45 SC @ 0,6 ml por litro foi o tratamento mais caro utilizado na experiência.

CAPÍTULO 6

RESUMO E CONCLUSÃO

A praga de insectos é um dos factores mais importantes que conduzem a um fraco rendimento da *Bhut Jolokia* em Assam. As experiências de campo e de laboratório que incluíram estudos sobre a incidência sazonal e a formação de populações, a gestão biopesticida de pragas importantes de *Bhut Jolokia*, juntamente com a determinação da eficiência predatória de importantes predadores coccinelídeos e a relação custo-benefício dos vários tratamentos, foram realizadas na quinta experimental, no Departamento de Horticultura e no Laboratório de Bio Controlo, no Departamento de Entomologia, na Universidade Agrícola de Assam, em Jorhat (Assam), durante 2014 e 2014-2015, respetivamente. Os resultados obtidos na presente investigação estão resumidos abaixo:

- Um total de seis espécies de cinco ordens e seis famílias, *nomeadamente* o bicho-da-corte *Agrotis ipsilon* Hufnagel, o afídeo *Aphis gossypii* Glover, o tripes *Schirtothrips dorsalis* Hood, o ácaro *Polyphagotarsonemus latus* Banks, o escaravelho *Monolepta signata* Oliveir e o jassídeo *Amrasca biguttula biguttula* Ishida, foram registados como pragas da *Bhut Jolokia*.

- Das seis espécies de insectos pragas, *A. ipsilon, A. gossypii, S. dorsalis* e *P. latus* foram consideradas as principais, enquanto *M. signata* e *A. biguttula biguttula* ocorreram em menor número e foram consideradas pragas menores de *Bhut Jolokia*.

- Cinco espécies de predadores da ordem coleoptera e da família coccinellidae, *nomeadamente Micrspis discolor* (F.), *Coccinella septempunctata* L., *Brumoides suturalis* (F.), *Coccinella transversalis* F. e *Cheilomenes sexmaculata* F., foram registadas como inimigos naturais.

- *C. transversalis* e *M. discolor* foram as espécies mais dominantes observadas durante toda a estação de cultivo entre os predadores coccinelídeos.

- Foi observada uma correlação positiva significativa de *A. gossypii* (r = 0,526, r = 0,511), *S. dorsalis* (r = 0,575, r = 0,640), *P. latus* (r =0,500, r =0,510), *A. biguttula biguttula* (r =0,524, r =0,536) e *M. signata* (r =0,525, r =0,514) com a temperatura máxima durante ambas as estações.

- Foi observada uma correlação negativa significativa da população de *A. ipsilon* com a temperatura máxima (r =-0,708, r =-0,502) e com a temperatura mínima (r =-0,719, r =-0,616) em ambos os anos.

- A temperatura máxima teve uma influência positiva significativa (r=0,540, r=0,517) nos predadores coccinelídeos. Também existiu uma correlação positiva significativa (r = 0,969 e r = 0,956) entre os predadores coccinelídeos e a população de *A. gossypii*.

- Em condições de laboratório, *C. transversalis* actua como um bom predador de *A. gossypii* com uma taxa de predação de 63,2% do que *C. sexmaculata* (52,48%).

- O imidaclopride @ 0,4 ml por litro foi considerado o melhor tratamento com uma relação custo-benefício mais elevada de 1:4,16 contra as pragas de insectos de *Bhut Jolokia*.

- Entre os biopesticidas, o Pestoneem @ 3 ml por litro foi considerado superior na redução da população de pragas com uma relação custo-benefício de 1:2,38.

- *Beuveria bassiana* @ 3ml por litro actua como um bom biopesticida na redução da população de ácaros depois do Pestoneem.

- A população de inimigos naturais (predadores) foi maior nas parcelas tratadas com biopesticida do que nas parcelas tratadas com inseticida. Entre os biopesticidas, a população máxima de predadores coccinelídeos foi alcançada na parcela tratada com spinosad @ 0,6 ml por litro. Assim, verificou-se que os biopesticidas são congéneres para o desenvolvimento de populações de inimigos naturais.

CONCLUSÃO

A partir da presente investigação, pode concluir-se que todas estas pragas se tornaram um grande problema no cultivo de *Bhut Jolokia* no Nordeste da Índia devido à gravidade do seu ataque, resultando assim numa redução significativa da produção de frutos. Foram feitos vários esforços para gerir estas pragas graves através da aplicação de muitos insecticidas convencionais, o que, por sua vez, resulta em vários problemas como o desenvolvimento de resistência das pragas aos insecticidas, surtos de pragas, poluição ambiental e um nível inaceitavelmente mais elevado de resíduos de pesticidas nos frutos. Por conseguinte, para combater estes problemas, são necessárias, no futuro, práticas de gestão ecológicas adequadas que utilizem preferencialmente produtos vegetais, insecticidas de origem microbiana e a libertação de inimigos naturais. No entanto, o estudo pormenorizado de diferentes aspectos das pragas com diferentes potenciais biopesticidas e agentes de controlo biológico é essencial num futuro próximo.

BIBLIOGRAFIA

Agarwal, B.K. e Raychaudhuri, D.N. (1981). Nota sobre alguns afídeos que afectam plantas importantes em Sikkim. *Indian J. Agril. Sci.* 51(9): 690-692.

Ahmed, K.; Mehmood, M.G. e Murthy, N.S.R. (1987). Perdas devido a várias pragas no pimento. *Capsicum Newslett.* **6:** 83-84.

Ahuja, D.B. (2000). Influência de factores abióticos na população de ácaros, *Polyphagotarsonemus latus* (Bank), que infestam o sésamo *(Sesamum indicum* L) na região árida de Rajastan (Índia). *J. Entomol. Res.* **24(1):** 87-89.

Akbar, M.F.; Haq, M.A.; Parveen, F.; Yasmin, N. e Khan, M.F.U. (2010). Gestão comparativa do pulgão da couve *Myzus persicae* (Sulzer) (Aphididae: Hemoptera) através de insecticidas biológicos e sintéticos. *Pakisthan Entomol.* **32(1):** 1017-1827.

Ananthakrishnan, T.N. (1971). Thrips (Thysanoptera) in agriculture, horticulture and forestry diagnosis, bionomics and control. *J. Sci. Ind. Res.* **30:** 113-146.

* Anónimo (1996-98). Prog. Rep. *AICRP sobre Acarologia Agrícola.* UAS, Bangalore, p. 193.

Anónimo (2001). Nutritive value of Indian foods (Valor nutritivo dos alimentos indianos)www.doctomdtv.com/ health/nutritive.value.asp-79k.

Anónimo (2005). Pacote de práticas para culturas hortícolas. Direção de Educação de Extensão, Universidade de Horticultura e Silvicultura Dr. YS Parmar. Nauni, Solan, HP, Índia, p. 38.

Anónimo (2009). Novo recorde na exportação de especiarias em 2008-09. *Spice India* **7:** 4-9.

Arthurs, S.P.; Aristizabal, L.F. e Avery, P.B. (2013). Avaliação de fungos entomopatogénicos contra tripes de malagueta, *Scirtothrips dorsalis. J.Ins.Sci.13(*31): 1536-2442.

* yyar, T.V.R.; Subbaiah, M.S. e Krishnamurthy, P.S. (1935). As doenças do enrolamento das folhas da malagueta causadas por tripes nas regiões de Guntur e Madras. *Madras Agric. J.* **23:** 403-410.

* Bagle, B.G. (1993). Incidência sazonal e controlo do tripes *Scirtothrips dorsalis* Hood na romã. *Indian J. Ent.* **55(2):** 148-153.

* Bansi, A.B. (2004). Estudos sobre a biologia do ácaro amarelo, *Polyphagotarsonemus latus* (Banks) (Acari: Tarsonemidae) thrips, *Scirtothrips dorsalis* Hood (Thysanoptera). Tese de Mestrado (Agri.), Universidade de Ciências Agrícolas, Bangalore.

* Berke, T.; Sheih, S.c (2000). Pimentas na Ásia. *Capsicum and eggplant News Letter.* **19:** 38-41.

Bhede, B.V.; Boshle, B.B. e More, D.G. (2008). Influência do parâmetro meteorológico sobre a influência do ácaro da malagueta *Polyphagotarsonemus latus* e a sua estratégia de controlo químico. *Indian J. Pl. Protect.* 36(2): 200-203.

Biswas, M.K.; De, B.K.; Nath, P.S. e Mohasin, M. (2004). Influência de diferentes factores meteorológicos na constituição da população de vectores do vírus da batata. *Ann. Pl. Protect. Sci.* 12(2): 352-355.

*Boopathi, T.; Pathak, K.A.; Ramakrishna, Y. e Verma, A.K. (2012). Influência de factores meteorológicos na dinâmica populacional de pragas mastigadoras de arroz de planície. *Oryza* **49(3):** 200-204.

Borah, D.C. (1987). Bioecologia de *Polyphagotarsonemus latus* (Acari : Tarsonemidae) e *Scirtothrips dorsalis* Hood (Thysanoptera : Thripidae) que infestam a malagueta e os seus inimigos naturais. Tese de doutoramento, Univ. Agric. Sci., Dharwad, Karnataka (Índia).

Bosland, P.W. e Baral, J.P. (2007). *Bhut Jolokia* - A malagueta mais picante do mundo é um híbrido interespecífico putativo de ocorrência natural. *Hort.Sci.A2'.* 222-24.

*Butani, D.K. (1976). Pragas e doenças da malagueta e seu controlo. *Pesticides.* **10:** 38-41.

Chakraborti, S. (2000). Programa integrado baseado no Neem para o controlo dos vectores que causam o enrolamento apical das folhas na malagueta. *Pest Mgmt. Econ. Zool.* **8:** 79-84.

Chandrakumar, H.L.; Kumar, C.T.A.; Kumar, N.G.; Chakraborthy, A.K. e Raju, T.B.P. (2008). Ocorrência sazonal das principais pragas e dos seus inimigos naturais em brinjal. *Curr. Biotica.* 2(1): 63-73.

Chandrasekaran, M. e Veeravel, R. (1998). Avaliação no terreno de produtos vegetais contra o tripes da malagueta, *Scirtothrips dorsalis* (Hood). *Madras Agric.* 7.85(2): 120-122.

Chaudhary, C.S.; Gauns, K.H.; Gaikwad, S.M.; Gade, R.S. e Bhingare, C.R. (2014). Avaliação do fungo verde Muscardine *Metarhizium anisopliae* na broca do tomate *Helicoverpa armigera* em condições de campo. *Tendências em Biosci.* **7(11):** 1062-1065.

*Chen, C.C.; Shy, J.F.; Ko, W.F; Hwang, T.F. e Lin, C.S. (1991). Estudos sobre a ecologia e o controlo de *Phyllotreta striolata* Fab.: II. Duração do desenvolvimento e flutuação da população. *Plant Protect. Bull.* **33(4):** 354-363.

Chiranjeevi, C.H.; Reddy, J.P.; Neeraja, G. e Narayanamma, M. (2002). Gestão de pragas sugadoras na malagueta *(Capsicum annum* L.). *Veg. Sci.* **29(2):** 197-197.

Das, B.B. e Ram, G. (1988). Incidência, danos e transmissão do bicho-da-farinha *(Agrotis ipsilon)* que ataca a cultura da batata *(Solanum tuberosum)* em Bihar. *Indian J. Agri. Sci.* **58(8):** 650-651.

Das, G. (2013). Eficácia do imidaclopride, um grupo nicotinóide de inseticida contra a infestação do pulgão da malagueta, *Myzus persicae* (Hemiptera: Aphididae). *Intern. J. Bio. Biol. Sci.* **2(11):** 154- 159.

Dev, H.N. (1964). Preliminary studies on the biology of the Assam thrips, *Scirtothrips dorsalis* Hood on tea. *Indian J. Ent.* **26:** 184-194.

Dhaka, S.R. e Pareek, B.L. (2008). Factores climáticos que influenciam a dinâmica populacional dos principais insectos pragas do algodão sob um tronco agro-ecológico semi-árido. *Indian J. Entomol.* **70(2):** 157-163.

Dhamdhere, S.; Dhamdhere, S.V. e Mathur, R. (1995). Ocorrência e sucessão de pragas de brinjal, *Solanum melongena* L. em Gwalior (Madhya Pradesh). *Indian J. Ent. Res.* 19(1): 71-77.

*Dimethry, N.Z.; Amer, S.A.A. e Mone, F.M. (1994). Ensaios laboratoriais com extractos de sementes de nim sobre os ácaros predadores *Amblyseius barkeri* (Hughes) e *Typhlodromus richferi* (Karg). *Bollettino di zoo logia agraia edi Bhehicothera* **26:** 127-137.

*Elbert, A.; Becker, B.; Hartwig, J. e Erdelen, C. (1991). Imidaclopride - um novo inseticida sistémico. *Pflangenschutz Nachr. Bayer.* **44:** 113.

Femandis, M. e Ramos, M. (19950). Incidência de pragas e biregulação de variedades de batata adoptadas ao calor. *Revista-de-Proteção- Vegetal.* **10(2):** 133-142.

Gangwar, S.K. e Sachan, J.N. (1981). Incidência sazonal e controlo de pragas da brinjal, com especial referência à broca do rebento e do fruto da brinjal, *Leucinodes orbonalis* Guen, em Megalaya. *J. Res. Assam. Arric. Univ.* 2(2): 187-192.

Gayatridevi, S. (2006). Abordagens não químicas para a gestão de tripes e ácaros na malagueta. Tese de Mestrado (Agri.), Uni. Agric. Sci., Dharwad (Índia).

Gayatridevi, S. e Giraddi, R.S. (2006). Efeito da data de plantação na atividade de tripes, ácaros e desenvolvimento de ondulação das folhas na malagueta *(Capsicum annuum* L.) *Karnataka J. Agril. Sci.* **22(1):** 206- 207.

George, S. (2006). Papel do vermicomposto, vermiwash e outros produtos orgânicos na gestão de tripes e ácaros na malagueta. Tese de Mestrado (Agri.). Univ. Agric. Sci. Dharwad, Karnataka, Índia.

Ghosh, A.; Chatterjee, M. e Roy, A. (2010). Bio-eficácia do spinosad contra a broca do tomateiro *(Helicoverpa armigera* Hub.) (Lepidoptera: Noctuidae) e os seus inimigos naturais. *J. Hort. Forest.* 2(5): 108-111.

Giraddi, B.S.; Lingappa, S.; Kulkarni, K.A. e Rao, K.J. (1997). Influência dos factores climáticos na atividade sazonal do bicho-da-cana, *Agrotis* spp. (Lepidoptera; Noctuidae). *Karnataka J. Agril. Sci.* **10(1):** 36-41.

Giraddi, R.S. (2007). Efeito de alterações orgânicas na atividade de *Menochilus sexmaculatus* (Fabricius) (Coleoptera: Coccinellidae) e *Chrysoperla camea* Stephens (Neuroptera: Chrysopidae) na malagueta, *Capsicum annuum* L. Pest *Manag. Horti. Eco.* 3(1): 38-43.

Giraddi, R.S e Smitha, M.S. (2004). Modo orgânico de controlar o ácaro amarelo na malagueta. *Spice India* **17:** 19-21.

Gouse M. M.; Ahmed, K. e Rao, N.H.P. (1999). Influência de factores abióticos na dinâmica populacional do ácaro amarelo, *Polyphagotarsonemus latus*, na malagueta. *Pestology* **23:** 5-9.

Guinness Book of World Records (2007). Hottest Spice. www.guinnessworldrecords.com. Acedido em 13 de setembro de 2007.

Gundannavar, K.P. e Giraddi, R.S. (2013). Efeito de alterações orgânicas do solo na atividade de pragas sugadoras de malagueta. *Global J. Sci. Front. Res.* **13(2):** 6-9.

Harischandra, N.R. (2008). Bioeficácia de formulações de fungos entomopatogénicos na gestão de pragas sugadoras do quiabeiro. Mestrado (Grau). Departamento de Entomologia Agrícola (Departamento), Universidade de Ciências Agrícolas, Dharwad (Instituto Th9691).

*Hosmani, M.M. (1982). Práticas culturais para a malagueta. *In:* Chilli (Edit. Hosmani, M.M.). Rajashri Printing Press. Tadakod Oni, Dharwad, pp. 100-128.

Hussain, W. (2007-11-20). A malagueta mais quente do mundo é usada como repelente de elefantes. *National Geographic.* Recuperado em 2007-11-21.

Ibrahim, L; Hamieh, A.; Ghanem, H. e Ibrahim, S.K. (2011). Patogenicidade de fungos entomopatogénicos de solos libaneses contra afídeos, mosca branca e insectos benéficos não visados. *International J. Agril. Sci.* 3(3): 156-164.

Jagdish, E.J. e Pumima, A.P. (2011). Avaliação de botânicos sclectivos e entomopatogénios contra *Scirtothrips dorsalis* Hood em condições de estufa em rosa. *J. Biopesticides* 4(1): 81- 85, 244.

*Jalali, S.K.; Singh, S.R. e Biswas, S.R. (2000). Population dynamics of *Aphis gossypii* Glover (Homoptera: Aphididae) and its natural enemies in the cotton ecosystem. *J. Aphidology.* **14:** 25-32.

Jamade, N.T. e Dethe, M.D. (1994). Imidaclopride para o controlo eficaz de pragas sugadoras da malagueta. *Pestologia* **18:** 15-17.

*Jolvicich, E.; Cantliffe, D.J.; Osborne, L.S. e Stofella, P.J. (2004). População de ácaros e danos causados pelo ácaro *Polyphagotarsonemus latus* (Banks) que infesta o pimentão *(Capsicum annuum* L.) em diferentes estágios de desenvolvimento das mudas. *ISHSActa Hort.* **659:** 339-342.

Kalita, D.N.; Roy, D.T.C. e Kound, J.N. (1998). Coccinellid predators on *Aphis gossypii. Insect Environ.* 3(4): 107-108.

Kalita, D.N.; Puzari, K.C. e Sarmah, B.D. (1996). *Beuveria bassiana* (Bals) Vuill, um agente natural de biocontrolo contra *Aphis gossypii* Glover, uma praga da brinjal. *Plant Hlth. 2:* 108-109.

Kalyan, R.K.; Saini, D.P.; Urmila, P.P.; Kar, J. e Pareek, A. (2012). Bioeficácia comparativa de algumas novas moléculas contra jassídeos e mosca branca no algodão. *Bioscan.* 7(4): 641-643.

Karuppuchami, P. e Mohansundaram, M. (1987). Bioecologia e controlo do ácaro da malagueta muranai, *Polyphagotarsonemus latus* (Banks); Tarsonemidae. *Indian J. Pl. Protect.* **15(1):** 1-4.

Karuppuchamy, P.; Vasudevan, P. e Rangaswamy, P. (1993). Chilli yellow mite - A serious pest. *Spice Indi.* 6(10): 14.

Kumar, K.N.K. (1995). Estimativa da perda de colheitas devido ao tripes *Scirtothrips dorsalis* no pimentão. *Pest Mgnt. Hort. Ecosys.* 2(4): 93-98.

Lingappa, S.; Tatagara, M.H.; Kulkarni, K.A.; Giraddi, R.S. e Mallapur, C.P. (2002). Studies on integrated management of chilli pests - *An overview, Brain Storming Session on chilli,* IISR, Calicut, 8th April, 2002.

Lingeri, M.S.; Awakknavar, J.S.; Lingappa, S. e Kulkarni, K.A. (1980). Incidência sazonal de ácaros da malagueta *(Polyphagotarsonemus latus* Banks) e tripes *(Scirtopthrips dorsalis* Hood). *Karnataka J. Agric. Sci.* **11:** 380-385.

Lokeshwari, R.K.; Devikarani, K.H e Singh, T.K. (2010). Dinâmica sazonal de *Aphis gossypii* e abundância relativa dos seus predadores Coccinellid em pepino. *Indian J. Entomol.* **72(2):** 114-116.

Loureiro; Elisangela, D.S. e Moino, J.R.A. (2006). Patogenicidade de fungos hifomicetos aos pulgões *Aphis gossypii* Glover e *Myzus persicae* (Sulzer) (Hemiptera: Aphididae). *Neotropical Entomol.* 35(5): 660-665.

*Lucas, M.B.; Silveira, C.A.; Rezende, A.C.; Lucas, R.V. e Rezende, A.C. (1999). Estudo da eficiência agronômica do inseticida imidacloprid para o controle de pragas iniciais do algodoeiro. *Anais II Congresso Brasileiro de Algodão,* pp. 149- 151.

Mahalingappa, P.B.; Reddy, K.D.; Reddy, K.N. e Subbaratnam, G.V. (2006). Dissipação de resíduos de etião e clorpirifos no interior/à superfície da malagueta *{Capsicum annuurri). Pesticide Res. J.* **18(1):** 72-73.

Maketon, M.; Patricia, O.C. e Sinprasert, J. (2008). Avaliação de *Metarhizium anisopliae* (Deuteromycota: Hyphomycetes) para o controlo do ácaro *Polyphagotarsonemus latus* (Acari: Tarsonemidae) na amoreira. *Exp. Appld. Acarol.* 46(1-4): 157- 67.

Mall, N.P.; Pandey, R.S. e Singh, S.K. (1992). Incidência sazonal de pragas de insectos e estimativa das perdas causadas pela broca do rebento e do fruto em brinjal. *Indian J. Entomol.* **54(3):** 241-247.

Mallikarjuna, R.N.; Muralidhara, R.G. e Tirumula, R.K. (1998). Eficácia dos produtos de neem e das suas combinações contra a broca da malagueta. *Andhra Agril. J.* **45(3):** 179-181.

Manjunatha, M.; Hanchinal, S.G. e Reddy, G.V.P. (2001). Levantamento do ácaro amarelo e tripes na malagueta no norte de Karnataka. *Insect Environ.* 6(4): 178.

Manjunatha, M.; Mallapur, C.P.; Hanchinal, S.G. e Kulkarni, S.V. (2000). Avaliação do imidaclopride 75WS com o produto químico recomendado em tripes e ácaros da malagueta. *Karnataka J. Agril. Sci.* **13(4):** 993-995.

Mariappan, V. e Samuel, D.L. (1993). Efeito do óleo de sementes não comestíveis em videiras com mosaico de malagueta transmitidas por pulgões em Tamilnadu, Índia. *Conferência Mundial do Neem,* 24-28, fevereiro, Bangalore, pp. 787-791.

Mathur. A.; Singh, N.P.; Mahesh, M. e Singh, S. (2012). Incidência sazonal e efeito de factores abióticos na dinâmica populacional das principais pragas de insectos na cultura de Brinjal. *J. Environ. Res. Dev.* 7(1): 431-435.

Meena, N.K. e Kanwat, P.M. (2010). Estudos sobre Incidência Sazonal e Segurança Relativa de Pesticidas contra Escaravelhos Coccinelídeos no Ecossistema do Quiabo. *J. Biol. Cntr.* 24(2): 163-167.

Meena, R.S.; Ameta, O.P. e Meena, B.L. (2013). Dinâmica populacional de pragas sugadoras e sua correlação com parâmetros climáticos em pimenta, *Capsicum annum* L. *Bioscan.* 8(1): 177-180.

Mohapatra, L.N. e Sahu, B.B. (2005). Gestão das pragas sugadoras do algodão no início da estação através de insecticidas para vestir as sementes. *Pestology* 29(10): 28-29.

Montasser, A.A.; Ahmed, M.T.; Hanafy, A.R.I. e Hassan, G.M. (2011). Biologia e controlo do ácaro *Polyphagotarsonemus latus* Banks (Acari: Tarsonemidae). *Intern. J. Environ. Sci. Engg.* **1:** 26-34.

Moth, U.N. (1976). Flutuação sazonal da população e controlo químico dos ácaros da malagueta *Polyphagotarsonemus latus* (Banks). *Veg. Sci.* 3(1): 54-60.

Moth, U.N.; Datkhile, R.V. e Pawar, S.A. (1994). Eficácia do imidaclopride como tratamento de sementes e imersão de raízes contra pragas sugadoras da malagueta. *Pestology* **18:** 15-17.

Murthy, N.S. (1984). Chilli cultivation in Andhra Pradesh. *Indian Cocoa, Arecanut and Spices 7(4):* 103-105.

Nugro, I. e Ibrahim, Y. (2007). Eficácia da formulação em pó molhável preparada em laboratório de fungos entomopatogénicos

Beuveria bassiana, Metarrhizium anisopliae e *Poecilomyces fumosoroseus* contra o ácaro *Polyphagotarsonemus latus* (Acari: Tarsonemidae) em *Capsicum annum* (malagueta). *J. Biosci.* **18(1):** 1-11.

Pandey, S.K.; Mathur, A.C. e Srivastava, M. (2010). Gestão da doença do enrolamento das folhas da malagueta *(Capsicum annuum* L.). *Intern. J. Viol.* **6:** 246-250.

Panickar, B.K. e Patel, J.R. (2001). Dinâmica populacional de diferentes espécies de tripes em malagueta, algodão e feijão-frade. *Indian J. Ent.* 63(2): 170-175.

Panse, V.G. e Sukhatme, P.K. (1985). Statistical methods for agricultural worker. ICAR, Nova Deli.

*Parihar, S.B.S. e Singh, O.P. (1992). Dinâmica populacional de A. *ipsilon* (Hfn) em batata em relação a factores meteorológicos. *Bull. Entomol.* 33(1-2): 167-170.

Patel, B.H.; Koshiya, D.J. e Korat, D.M. (2009). Dinâmica populacional do tripes da malagueta, *Scirtothrips dorsalis* Hood, em relação aos parâmetros climáticos. *Karnataka J. Agric. Sci.* 22(1): 108-110.

Patel, K.I.; Patel, J.R.; Jayani, D.B.; Shekh, A.M. e Patel, N.C. (1997). Efeito do clima sazonal na incidência e desenvolvimento das principais pragas do quiabeiro *(Abelmoschus esculents')*. *Indian J. Agric. Sci.* **67:** 181-183.

Patel, V.N. (1992). Estudos sobre insectos pragas da malagueta, sua associação com a doença do enrolamento das folhas e avaliação das tácticas de gestão de pragas. Tese de doutoramento (Agri.). Apresentada à Universidade Agrícola de Rajasthan, Udaipur.

Pathipati, V.L.; Vijayalakshmi, T. e Naramnaidu, L. (2014). Incidência sazonal das principais pragas de insectos da malagueta em relação aos parâmetros meteorológicos em Andhra Pradesh. *Pest Mgnt. Hort. Ecosys.* **20(1):** 36-40.

Patil, A.S.; Patil, P.D. e Patil, R.S. (2002). Eficácia de diferentes doses programadas de imidaclopride contra o complexo de pragas sugadoras da malagueta *(Capsicum annum* L.). *Pestologia* **26:** 31-33.

Patil, I.D.; Babalad, H.B. e Patil, R.K. (2014). Efeito de nutrientes orgânicos e práticas biológicas de manejo de pragas em pragas de insetos e dinâmica de doenças no sistema de produção de pimenta orgânica. *Intern. J. Rec. Sci. Res.* 5(9): 1524-1528.

Patil, R.S. e Nandihalli, B.S. (2009) Incidência sazonal de pragas de ácaros em brinjal e malagueta. *Karnataka J. Agric. Sci.* **22(3):** 729-731.

Patnaik, M.L; Ram, S.; Sahoo, S. e Mahapatre, A.B. (1986). Flutuação populacional de chillithrips *Scirtothrips dorsalis* e do ácaro da malagueta, *P. latus*, na malagueta em Semiguda, Orissa. *Andhra Agric. J.* **45:** 79- 82.

Peena, J. E.; Osborne, L. S. e Duncan, R. E. (1996). Potencial dos fungos como agente de controlo biológico de *Polyphagotarsonemus latus* (Acari:Tarsonemidae). *Entomophaga.* 41(1): 27-36.

*Peng, C.; Weiss, M.J. e Annderson, M.D. (1992). Resposta, alimentação e longevidade do escaravelho da pulga (Coleoptera: Chrysomelidae) em sementes de oleaginosas, colza e crambe. *Environ. Entomol.* **21(3):** 604-609.

Phukon, I.; Sarma, R.; Borgohain, B.; Sarma, J. e Goswami (2014). Eficácia de *Metarhizium anisopliae, Beauveria bassiana* e óleo de Neem contra a broca do tomate *Helicoverpa armigera* em condições de campo. *Asian J. Biosci.* **9** (2): 151-155.

Prabhakar, A.K. e Roy, S.P. (2010). Avaliação das taxas de consumo dos predadores coccinelídeos dominantes em afídeos no nordeste de Bihar. *Bioscan.* 5(3): 491-493.

Prabhu, S.T.; Nagraja, M.V. e Ganapathi, T. (2014). Avaliação da Bioeficácia do Imidaclopride 17,8% S L contra pragas de insetos Chilli. *Tendências Biosci.* 7(20): 3331-3334.

Prasad, N.V.V.; Rao, N.H.P. e Mahalaxmi, M.S. (2008). Dinâmica populacional das principais pragas sugadoras que infestam o algodão e sua relação com os parâmetros climáticos. *Journal of Cotton Research and Developement* 22(l):85-90.

Prasad, G.S. e Logiswaran, G. (1997). Influência dos factores meteorológicos na população flutuação de insectos nocivos para a brindica em Madurai, Tamil nadu. *Indian J. Entomol.* **59(4):** 385-388.

Preeta, G.; Mohharan, T.; Kuttalam, S. e Stanley, S. (2008). Toxicidade persistente do imidaclopride contra o pulgão, *Aphis gossypii* e

Amrasca biguttula biguttula em algodão. *Pesticide Res. J.* **20(2):** 197-200.

Rahman, T.; Mohamad Roff, M.N. e Idris, A.B. (2010). Aphidophagous coccinellids (Insecta: coleoptera) in chili *(Capsicum annuum* L.) ecosystems in Malaysia. *Serangga.* **15:** 1-2.73-85.

Rajasri, M.; Reddy, G.P.V.; Krishna, A.; Murthy, M.M. e Prasad, V.D. (1991). Bioeficácia de certos novos insecticidas e produtos de neem contra o complexo de pragas da malagueta. *Indian Cocoa, Arecanut and Spice Journal* **15:** 42-44.

Ram, S.; Patnaik, M.L.; Sahoo, S. e Mahapatre, A.B. (1998). Flutuação populacional do tripes da malagueta *Scirtothrips dorsalis* e do ácaro da malagueta, *P. latus*, na malagueta em Semiguda, Orissa. *Andhra Agric. J.* **45:** 79- 82.

Ram, S.; Patnaik, N.C.; Mohapatra, A.K.B.; Sahoo, S. e Samal, K.C. (1997). Reação de algumas variedades de malagueta ao ácaro amarelo *Polyphagotarsonemus latus* (Banks) na zona oriental de Orissa. *Environ. Ecol.* **15(1):** 199-201.

Rani, H.R. (2001). Bioecologia e controlo do ácaro *Polyphagotarsonemun latus* (Bunk) que infesta a batata *(Solanum taberosum* L.) e a malagueta *(Capsicum annuum* L.). Tese de Mestrado (Agri.), Universidade de Ciências Agrícolas, Bangalore.

Rao, M.D. e Ahmed (1986). Efeito de piertróides sintéticos e outros insecticidas no ressurgimento do ácaro amarelo-pimenta, *Polyphagotarsonemus latus* Banks. Ressurgimento de pragas sugadoras. *Proc, do Simpósio Nacional (Ed) TN AU, Coimbatore,* pp. 73-77.

Rao, V.C.S. e Rao, G.V.K. (2014). Uma visão do cultivo da malagueta e dos procedimentos de gestão de riscos com especial referência a Karnataka e Andra Prades. *Intern. J. Bus. Adm. Res. Rev.* 2(3): 144.

*Ravikumar (2004). Avaliação de produtos orgânicos e indígenas para a gestão de *Helicoverpa armigera* (Hub.). Tese de Mestrado (Agri.), Uni. Agric. Sci., Dharwad (Índia).

Reddy, A.V.; Srihari, G. e Kumar, A.K. (2007). Eficácia de alguns novos insecticidas contra o complexo de pragas da malagueta *(Capsicum annumL.). Asian J. Hort.* 2(2): 94-95.

Reddy, D.N.R. e Puttaswamy (1985). Pragas que infestam a malagueta *(Capsicum annuum)* na cultura transplantada. *Mysore J. Agric. Sci.* **17(3):** 246-251.

Reddy, S. (2003). Avaliação de produtos indígenas para a gestão do ácaro da malagueta, *Polyphagotarsonemus latus* Bank (Acari:Tassmemidae). Tese de Mestrado (Agri.), Univ. Agric. Sci., Dharwad, Karnataka, Índia.

Roopa, M. e Kumar, C.T.A. (2014). Incidência sazonal de pragas de capsicum nas condições de Bangalore de Karnataka, Índia. *Global J. Biol. Agri. Hit. Sci.* 3(3): 203-207.

*Sachan, J.N. e Gangwar, S.K. (1990). Incidência sazonal de insectos pragas da batata. *Indian J. Ent.* **52(1):** 111-124.

*Sanap, M.M.; Nawale, R.N. e Ajri, D.S. (1985). Incidência sazonal de tripes e ácaros da malagueta. *J. Maharashtra Agric. Univ.* **10:** 345- 346.

Sanatombi, K.G. e Sharma, J. (2008). Conteúdo de Capsaicina e Pungência de Diferentes Cultivares *de Capsicum spp. Not. Bot. Hort. Agrobot. Cluj.* 36(2): 89-90.

Sarkar, P.K.; Timsing, A.G.; Rai, P. e Chakrabarti, S. (2015). Módulos IPM de chilli

(Capsicum annuum L.) em planícies aluviais Gangetic de Bengala Ocidental. *J. Crop Weed* **11:** 167-170.

Sarwar, M. (2012). Frequência da fauna de insectos e ácaros em áreas cultivadas de malagueta *Capsicum annum* L., cebola *Allium cepa* L. e alho, *Allium sativum* L., e sua gestão integrada. *Inti. J. Aron. Plan. Prod.* 3(5): 173-178.

Satti, A.; Abdalla, A. e Nasr, O.E. (2012). Os principais predadores e sua abundância sazonal em campos de quiabo no esquema elgorair, norte do Sudão. *Intern. J. Eviron. Sci. Technol.* 4(4): 271-276.

* Schoonhoven, A.; Piedarhita, J.; Valderrama, R. e Galvez, G. (1978). Biologia, injuria e controlo do ácaro tropical *Polyphagotarsonemus latus* (Banks) (Acarina: Tarsonemidae) no feijão. *Turrialba.* **28(1):** 77-80.

* eal, D.R.; Ciomperlikb, M.; Richardsc, M.L. e Klassena, W. (2006). Eficácia comparativa de insecticidas químicos contra o

    O tripes da malagueta, *Scirtothrips dorsalis* Hood (Thysanoptera: Thripidae), no pimento e a sua compatibilidade com inimigos naturais. *Crop Protect.* **25:** 949-955.

Seal, D.R. e Kumar, V. (2010). Resposta biológica do tripes da malagueta, *Scirtothrips dorsalis* Hood (Thysanoptera: Thripidae) a vários regimes de insecticidas químicos e biológicos. *Crop Protect.* **29:** 1241-1247.

*Senapati, B. e Mohanty, G.B. (1980). A note on the population fluctuation of sucking pests on cotton. *Madras Agric. J.* **67:** 624-630.

Shafie, H.A.F. e Abdelraheem B.A. (2012) Avaliação no terreno de três biopesticidas para a gestão integrada das principais pragas do tomateiro, *Solanum lycopersicum* L. no Sudão. *Agri. Biol. J. N. Amer.* 3(9): 340-344.

Singh, A.P. e Singh, R.N. (2012). Efeitos de factores abióticos na dinâmica populacional do ácaro amarelo, *Polyphagotarsonemus latus* (Banks), em culturas de malagueta em Varanasi. *J. Insect Sci.* **25(3):** 237-240.

* Singh, D.; Kaur, S.; Dhillon, T.S.; Singh, P.; Hundal, J.S. e Singh, G.J. (2004). Cultivo protegido de híbridos de pimentão em casa de rede nas condições indianas. *ISHS Ata Hort.* **65:** 330-332.

Singh, Y.P. e Singh, P.P. (2002). Complexo de pragas da planta do ovo *(Solanum melongena)* e sua sucessão em colinas de altitude média. *Indian J. Entomol.* **64(3):** 335-342.

* Sobitadevi, P.H. e Reddy, H.R. (1995). Efeito dos insecticidas na transmissão por afídeos do pepper vein banding virus e do cucumber mosaic virus na malagueta *(Capsicum annuum* L.). *Mysore J. Agric. Sci.* **29:** 141-148.

* Sonatakki, B.K.; Singh, D.N.; e Mishra, B. (1989). Abundância sazonal de pragas da batata em relação a factores ambientais. *Environ. Ecol.* 7(2): 391-394.

* Sorensen, K.A. (2005). Vegetable insect pest management, www. ces.ncsu.edu/depts ./ent/notes/vegetables/veg37.html-l Ik.

*Sunanda, M.H. e Dethe, M.D. (1998). Imidacloprid seed treatment for healthy chilli seedlings. *Pestology* **22:** 46-49.

Sunitha, T.R. (2007). Pragas de insectos de *Capsicum annum* var. fruitescens (L.) e sua gestão. Tese de Mestrado (Agri.), Univ. Agric. Sci. Dharwad (Índia).

Tatagar, M.H. (2002). Research Highlights of Entomological Experiments carried out at Agricultural Research station (chilli), Devihosur, Haveri, University of Agricultural Sciences. Dharwad.

Tiwari, G.; Prasad, C.S.; Kumar, A. e Nath, L. (2011). Efeito de insecticidas, biopesticidas e botânicos na população de inimigos naturais no ecossistema de brinjal. *Intern. J. Pl. Res.* 24(2): 40-44.

Tiwari, G.; Prasad, C.S.; Kumar, A. e Nath, L. (2012). Influência de factores meteorológicos na flutuação populacional do complexo de pragas em Brinjal. Ann. *Plant Protect. Sci.* 20(1):68-71.

Tomar S. P. S (2010). Impacto dos parâmetros meteorológicos na população de afídeos no algodão. *Jornal Indiano de Investigação Agrícola.* 44(2): 125-130.

Tonet, R.M.; Leamel, S.; Neigh, J.D. e De Nejri, J.D. (2000). Flutuação populacional do ácaro-largo na cultura do limão silício. *Brasil, Lorenja.* **21:** 39-48.

* Tumock, W.J.; Lamb, R.J. e Bilodeau, R.J. (1987). Abundância, sobrevivência no inverno e emergência na primavera do escaravelho da pulga num bosque de Manitova. *Canadian Entomol.* **119(5):** 419-426.

* Vaishampan, S. e Singh, H.N. (1994). Variação sazonal na atividade e condição reprodutiva do verme da grama, *Agrotis ipsilon* Hufn. Apanhado numa armadilha luminosa em Varanasi. *Leg. Res.* 17(3-4): 213- 216.

* Vaishampan, S. e Vaishampan, S.M. (1995). Mudanças sazonais na atividade dos adultos de *Agrotis ipsilon* Huf. (Lepidoptera;Noctuidae) recolhidos em armadilhas luminosas em Vranasi. *Adv. Agril. Res. India.* **3:** 11-21.

Vanisree, K.; Rajashekar, P.; Ramachandar, R.G. e Srinivasa, R.V. (2011). Incidência sazonal de tripes e seus inimigos naturais em

malagueta *(Capsicum annuum* L.) em Andhra Pradesh. *Andhra Agril. J.* **58(2):** 185-191.

Varghese, T.S. (2003). Gestão de tripes, *Scirtothrips dorsalis* Hood e ácaro, *P. latus* em malagueta usando bioracionais e imidaclopride. Tese de Mestrado (Agri.), Uni. Agric. Sci. Dharwad (Índia).

*Veeravel, R. e Jaganathan, T. (2002). Influência dos parâmetros climáticos na dinâmica da população de *Aphis gossypii* Glover (Homoptera: Aphididae) e do seu predador *Cheilomenes sexmaculata* (Fab.) (Coleoptera: Coccinellidae) no ecossistema do algodão. *J. Aphidol.* **16:** 143-147.

*Velayudhan, R.; Gopinathan, K. e Bakthavatslam, M. (1985). Potencial de polinização, dinâmica populacional e eliminação de espécies de tripes (Thysanoptera: Insecta) que infestam as flores de *Dolichos lab lab* (Fab.). *Proc. Indian Nation. Sci. Acad. Parte B.* 51:574-580.

Venzon, M.; Oliveria, C.H.C.M.; De Rosada, M.D.C.; Pallini, F.A. e Santos, I.C. (2006). Pragas associadas à cultura do pimentão e estratégias de manejo. *Informe Agropecuareo.* 27(235): 75- 86.

Vesicek, A.; Rossa, F.D.L. e Paglioni, A. (2001). Aspectos biológicos e populacionais de *Aularthum solani* (kalt), *Myzus persicae* (sulz) e *Macrosiphum euphorbiae* (Thomas) Homoptera; aphidoidea em pimento em condições de laboratório. *Boletin de sanidal vegetables plagas* 27(4): 439-446.

* Vevai, E.J. (1969). Conheça a sua cultura, o seu problema de pragas e o seu controlo. *Pesticidas* 3(5): 29-35.

Vichitbandha, P. e Chandrapatya, A. (2011). Efeitos do ácaro largo nos danos e rendimentos dos rebentos da malagueta. *Pakistan J. Zool.* **43(4):** 637-649.

* Wains, M.S.; Ali, M.A.; Hussain, J. A.; Zulkifall, M. e Waseem, M. (2010). Dinâmica dos pulgões em relação a factores meteorológicos e a várias práticas de gestão no trigo para panificação. *J. Pl. Protect. Res.* **50(3):** 385-39.

* Zaz, G.N. (1999). Incidência e biologia do bicho-preto, *Agrotis ipsilon* (Hfn). *Appld. Biol. Sci.* **1(1):** 67-70.

*Zidan, Z.H.; Elmaliki, K.G.; Gadallah, A.L.; Amim, A. e Eissa, M.A. (1998). Possibilidade de geração e previsão de adultos do bicho-da-farinha, *Agrotis ipsilon* Hufn. Em relação à acumulação de unidades térmicas na província de Quena. *Ann. Agril. Sci.* **1:** 151- 159.
*: Referência original não vista

APÊNDICE I

Dados meteorológicos semanais para o período de investigação de campo na Universidade Agrícola de Assam, Jorhat, durante 2014

Date of observation	Temperature (^{0}C)		RH (%)		Rainfall (mm)	BSSH
	Max.	Min.	Morn.	Even.		
8-14 Feb.	21.8	13.1	95	67	36.1	3.7
15-21 Feb.	26.3	12.2	94	50	0	7.5
22-28 Feb.	26.9	14.7	92	59	0	4.5
1-7 Mar.	28.0	13.3	91	49	0	6.2
8-14 Mar.	30.1	15.6	87	46	0	6.1
15-21 Mar.	28.9	16.6	88	50	11.5	5.2
22- 28 Mar.	28	19.4	91	67	55.7	4.1
29- 4 Apr.	30.3	17.9	86	48	1.5	6.2
5-11 Apr.	30.7	19.1	87	52	19.5	6.1
12-18 Apr.	32.5	20.3	89	50	1.7	5.9
19-25 Apr.	34.1	20.5	88	47	8.3	6.0
26-2 May	29.1	19.7	93	71	45.7	3.1
3- 9 May.	27.3	20.9	95	85	85.3	3.7
10-16 May	30.6	22.4	91	69	17.4	4.8
17-23 May	31.7	23.2	93	71	54.5	3.4
24-30 May.	33.4	24.5	91	65	48.6	4.5

APÊNDICE II

Dados meteorológicos semanais para o período de investigação de campo na Universidade Agrícola de Assam, Jorhat, durante 2014-15

Date of observation	Temperature (^{0}C)		Average RH (%)		Rainfall (mm)	BSSH
	Max.	Min.	Morn.	Even.		
18-24 Dec.	24.1	9.1	97	56	0	6.6
25-31Dec.	25.2	8.3	97	0	0	8.6
1-7Jan.	24.0	13.8	94	63	3.9	4.2
8-14Jan.	23.9	9.4	97	61	0	6.5
15-21Jan.	25.7	8.8	96	52	0	8.1
22-28Jan.	26.1	10.2	93	52	0	0.9
29-4Feb.	25.5	9.8	93	0	0	1.7
5-11Feb.	25.8	11.2	92	56	0	3.4
12-18Feb.	25.01	11.4	94	63	13.4	5.0
19-25Feb.	27.1	15.2	94	60	8.0	5.7
26- 4Mar.	28.8	17.5	91	61	4.8	3.1
5-11Mar.	28.3	13.7	91	54	0	6.8
12-18Mar.	30.5	15.9	90	52	0	5.7
19-25Mar.	30.8	15.4	88	46	2.9	5.8
26-1Apr.	28.9	18.8	93	68	39.6	1.8
2-8 Apr.	25.0	17.8	94	80	81.6	3.6
9-15Apr.	28.1	18.4	92	64	2.0	4.5
16-22Apr.	29.0	19.9	95	76	148.8	2.4
23-29 Apr.	27.4	19.8	92	74	7.5	4.6
30-6 May	30.0	21.0	90	73	3.9	4.2
7-13 May	31.1	21.8	92	74	55.9	3.2
14-20 May	29.8	23.3	92	75	100.8	4.1
21-27May	30.6	23.3	91	79	31.1	1.4

O FIM

More
Books!

info@omniscriptum.com
www.omniscriptum.com
OMNIScriptum

Printed by Books on Demand GmbH, Norderstedt / Germany